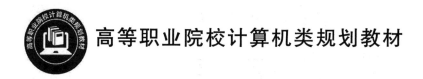

高等职业院校计算机类规划教材

物联网微项目集成实践——Android＋Arduino 交互设计

主　编　杨官霞　袁　芬　张　莉
副主编　胡　军　康保军　王传东
参　编　陈婷婷　廖智蓉　李文武

北京邮电大学出版社
www.buptpress.com

内 容 简 介

本书主要讲述了在 Android 和 Arduino 环境下的一系列交互设计,包括 Android 开发环境(软硬)的建立、Arduino 环境构建(软硬)、Android 和 C 语言基础以及多线程编程简介,并分别列举了用 Android 蓝牙助手控制点亮 LED 灯,设计 Android 程序代替蓝牙串口助手控制 LED 灯,用 Android 控制交通灯的交互设计,数码管 Android 交互设计,LM35 温度传感器和 DS18B20 数字温度的 Arduino 设计,Android 点机交互驱动设计,Android 舵机云台超声波测距避障交互设计,以及在 WiFi 和无 WiFi 环境下 Android 网络远程控制 Arduino 等一系列软硬交互设计实验。

本书可作为物联网专业、电子专业相关课程的教材或供广大 DIY 设计爱好者阅读参考。

图书在版编目(CIP)数据

物联网微项目集成实践:Android+Arduino 交互设计 / 杨官霞,袁芬,张莉主编. -- 北京:北京邮电大学出版社,2020.8(2021.7 重印)
ISBN 978-7-5635-6137-7

Ⅰ. ①物… Ⅱ. ①杨… ②袁… ③张… Ⅲ. ①移动终端-应用程序-程序设计②单片微型计算机-程序设计 Ⅳ. ①TN929.53②TP368.1

中国版本图书馆 CIP 数据核字(2020)第 136593 号

策划编辑:彭 楠　　　　责任编辑:满志文　　　　封面设计:七星博纳

出版发行	北京邮电大学出版社
社　　址	北京市海淀区西土城路 10 号
邮政编码	100876
发 行 部	电话:010-62282185　传真:010-62283578
E-mail	publish@bupt.edu.cn
经　　销	各地新华书店
印　　刷	唐山玺诚印务有限公司
开　　本	787 mm×1 092 mm　1/16
印　　张	14.5
字　　数	378 千字
版　　次	2020 年 8 月第 1 版
印　　次	2021 年 7 月第 2 次印刷

ISBN 978-7-5635-6137-7　　　　　　　　　　　　　　　　　　定 价:36.00 元

·如有印装质量问题,请与北京邮电大学出版社发行部联系·

前　　言

应用技术教学什么为重？通过动手完成项目，是实现教学目标的好方法，无论对学习兴趣的培养，还是学习能力的提高，均有裨益。但动手能力不仅对学习者，而且对教授者，都是一个不大不小的门槛。本书本着跨越这个门槛的想法，对物联网应用技术实践教学做了一次尝试，让教学双方从中体会动手组合电子模块和编程应用相结合带来的不同的感受。

"Android+Arduino 交互设计"既是一般学校物联网应用相关专业的一门普通课程，也是面向创客设计与创客体验的一门物联网技术综合实践开发课程。为了让读者更好地理解物联网应用技术，本书采用 Android+Arduino 交互设计的方式组织了一系列软硬件结合的项目，将手机与单片机控制通过蓝牙和网络方式连接起来，既包含单片机控制实现传感数据的采集和信息反馈（物联网感知层），又包含蓝牙近场通信和网络通信（网络层），也包含手机 App 应用（应用层），使读者通过最简单的项目初步实现从设计步骤上理解和掌握物联网三层结构。

物联网项目或者说嵌入式应用项目的特点是：要"一手抓硬"，"一手抓软"，"两手"都要抓。所谓"硬"是指手中要有"智能硬件"和各种模块，有不同类型网络或通信手段的支撑；所谓"软"是指开发者能够动手写程序，从底层开发直到高层应用的不同程序。"两手"不能偏颇，缺任何"一手"都不能成事，完成不了物联网项目。

"Android+Arduino 交互设计"是互联网+应用发展所衍生的技术需求，是物联网应用的技术需求。开展"Android+Arduino 交互设计"课程建设，是移动互联网+智能应用的实践尝试和教学尝试。

物联网应用技术综合实践课程相关教材的开发是目前较为薄弱的一环。由于近年来硬件 DIY 最流行的平台之一 Arduino 在单片机中异军突起，考虑其易用性和可扩展的特点，经过多种比较，选择 Android+Arduino 交互设计作为载体完成物联网微项目的开发，让学生以一个创客的身份进入学习训练任务是本书的基本出发点。比如，点亮 LED 灯实现的功能尽管简单，但可窥斑见豹，通过项目的不同实现方法可反映物联网基础项目实现的基本面貌，增加学生对物联网的感性认识和物联网基本系统体系实现的具体方法练习。

本书统筹规划由杨官霞负责，第 1 章由袁芬老师负责，第 3 章由张莉老师负责，胡军老师负责了第 7 章的编写，康保军、陈婷婷、廖智蓉、李文武等老师也参与了部分章节的编写，并给予了很多帮助，在此一并感谢。

编　者

目 录

第1章 Android＋Arduino 相关知识与交互设计环境的建立 1
 1.1 Android 开发环境的建立 1
 1.2 Arduino 与单片机 3
 1.3 Arduino 硬件组成 5
 1.4 ArduinoIDE 开发环境建立 7
 1.5 Arduino 编程——最简单的例子（Hello World 实验）............ 12

第2章 Arduino 语言基础 19
 2.1 基础 C 语言部分简介 19
  2.1.1 C 语言语法 19
  2.1.2 变量的作用范围（作用域）............ 21
 2.2 Arduino 语言 22
  2.2.1 Arduino 常用函数介绍 22
  2.2.2 Arduino 函数综合应用举例 25
  2.2.3 Arduino 语言库文件 28

第3章 多线程编程介绍 31
 3.1 多线程的概念 31
 3.2 Java 多线程实例 32
  3.2.1 继承 Thread 类方法实现多线程实例 32
  3.2.2 Runnable 接口方法实现多线程实例 35
  3.2.3 两种实现方式的区别和联系实例说明 36
 3.3 Android 多线程编程 38
  3.3.1 将任务从工作线程抛到主线程实例分析 39
  3.3.2 Android 的 Handler 机制 41
  3.3.3 将任务从主线程抛到工作线程实例分析 42
  3.3.4 线程池 46

第4章 Android 蓝牙助手控制点亮 LED 灯 49
 4.1 蓝牙设置 49
  4.1.1 通过 USB 转 TTL 串口模块连接蓝牙设置蓝牙参数 49
  4.1.2 通过 Arduino 连接蓝牙设置蓝牙参数 52

4.2　LED 灯基本实验 ································ 55
4.3　Android 手机通过 Arduino 软串口接蓝牙点亮 LED 灯的设计 ········ 58
　　4.3.1　在手机上安装蓝牙串口助手 ···················· 58
　　4.3.2　Arduino 软串口接蓝牙点亮 LED 灯的电路设计 ········· 59
　　4.3.3　Arduino 软串口接蓝牙点亮 LED 灯的程序设计 ········· 60

第 5 章　设计 Android 程序代替蓝牙串口助手控制 LED 灯 ·········· 62

5.1　Socket 介绍 ··································· 62
　　5.1.1　Socket 描述 ····························· 62
　　5.1.2　Socket 连接过程与步骤 ······················ 63
5.2　Android 设备终端与蓝牙模块（HC-06）的通信编程思路 ·········· 64
5.3　ListVeiw 与 Adapter 练习 ·························· 64
5.4　蓝牙开发的基本流程实践练习 ······················· 67
　　5.4.1　蓝牙权限注册 ···························· 67
　　5.4.2　蓝牙搜索设计程序与步骤 ····················· 68
　　5.4.3　建立蓝牙连接后读写蓝牙串口数据程序设计 ··········· 76
5.5　拓展训练 ··································· 88

第 6 章　交通灯交互设计实验 ···························· 90

6.1　Arduino 控制交通灯基本设计 ······················· 90
6.2　将红黄绿灯亮的信号信息发送到软串口并显示 ·············· 92
6.3　Android 控制交通灯程序设计 ······················· 93
　　6.3.1　控制交通灯 Arduino 程序的改进 ················· 93
　　6.3.2　交通灯控制 Android 程序设计 ·················· 95

第 7 章　数码管交互设计 ······························ 101

7.1　获取数码管引脚段值 ···························· 101
　　7.1.1　数码管原理介绍 ·························· 101
　　7.1.2　区分数码管极性 ·························· 102
　　7.1.3　记录数码管引脚对应的段选值 ·················· 102
7.2　Arduino 驱动数码管电路设计 ······················· 102
7.3　Arduino 驱动数码管程序设计 ······················· 103
　　7.3.1　Arduino 驱动数码管程序编写 ··················· 104
　　7.3.2　Arduino 数码管驱动程序分析与编程新知识点 ·········· 106
7.4　数码管 Android 交互设计 ·························· 108
　　7.4.1　数码管 Android 交互设计界面布局 ················ 108
　　7.4.2　数码管 Android 交互设计类修改 ················· 109

第 8 章　温度传感器交互设计 ··························· 111

8.1　LM35 温度传感器 Arduino 设计 ······················ 111
8.2　DS18B20 数字温度传感器 Arduino 设计 ·················· 113

	8.2.1	电路设计	114
	8.2.2	只有单总线设备库文件 OneWire.h 支持的驱动 DS18B20 程序	114
	8.2.3	DS18B20 库文件 DallasTemperature.h 支持的程序	117
8.3	温度传感器 Android 交互设计	118
	8.3.1	改造温度传感器程序具有蓝牙软串口功能	118
	8.3.2	Android 界面设计	120
	8.3.3	获取温度数据 Android 类设计	120
8.4	Arduino 课外练习	121

第 9 章 电动机驱动交互设计 122

9.1	直流电动机及其 Arduino 电源放大驱动介绍	122
	9.1.1	Arduino 实验用小型直流电动机	122
	9.1.2	直流电机驱动芯片 ULN2003 介绍	123
9.2	采用电位器调速的直流电动机 Arduino 驱动设计	124
	9.2.1	Arduino 驱动电路设计	124
	9.2.2	PWM 调控模拟量	125
	9.2.3	Arduino 驱动程序设计	126
9.3	Arduino 串口控制直流电动机驱动设计	127
	9.3.1	Arduino 串口控制直流电动机转速程序设计	127
	9.3.2	蓝牙串口的连接步骤	129
	9.3.3	电动机逆转与 H 桥驱动电路	129
9.4	Android 调速直流电动机交互设计	130
	9.4.1	界面布局	130
	9.4.2	BluetoothActivity 类设计改进	131

第 10 章 舵机云台超声波测距避障交互设计 135

10.1	舵机控制实验	135
	10.1.1	舵机及原理	135
	10.1.2	Arduino 舵机控制	136
	10.1.3	程序中对字符串的处理和 Arduino 字符串处理函数介绍	139
10.2	超声波传感器测距设计实验	140
	10.2.1	超声波传感器测距原理	140
	10.2.2	Arduino 连接超声波模块电路设计	141
	10.2.3	Arduino 驱动超声波模块程序设计	141
10.3	超声波测距与舵机转动联合设计调试	143
10.4	Android 舵机云台超声波测距交互设计	146
	10.4.1	舵机云台超声波测距 Android 界面布局	146
	10.4.2	BluetoothActivity 类设计改进(1)	148
	10.4.3	BluetoothActivity 类设计改进(2)	150

第 11 章 Android 网络远程控制 Arduino(无 WiFi 模块) 152

| 11.1 | 人体热释电红外传感器 | 152 |

- 11.1.1 热释电红外传感器应用与原理介绍 152
- 11.1.2 菲涅尔透镜 153
- 11.1.3 人体热释电红外传感器模块 153

11.2 Arduino人体红外报警系统设计 155
- 11.2.1 人体红外报警电路设计 155
- 11.2.2 人体红外报警Arduino程序设计 155

11.3 Java串口开发支持包RXTX及应用实例 157
- 11.3.1 Java串口开发支持包RXTX的安装 157
- 11.3.2 Communications API简介 158
- 11.3.3 Java串口通信实例 161
- 11.3.4 串口通信编程调试—PC地址端口的释放 168

11.4 网络通信Socket及其实例 168
- 11.4.1 网络通信简要知识 168
- 11.4.2 Socket的连接过程 170
- 11.4.3 最简单的Socket网络通信实例 171
- 11.4.4 获取IP地址修改程序的方法 174

11.5 红外报警网络通信交互设计——服务器端 175
- 11.5.1 服务器程序代码 175
- 11.5.2 服务器端主程序SerialPort_Runable.java分析 181
- 11.5.3 shutdownOuput()及其半关闭 181

11.6 红外报警网络通信交互设计——客户端 182
- 11.6.1 客户端界面布局设计(activity_main.xml) 182
- 11.6.2 客户端主程序(MainActivity.java)代码 184

11.7 当前远程通信控制的主要实现方法 188

第12章 Android网络远程控制Arduino（WiFi模块） 190

12.1 ESP8266模块的使用及测试 190
- 12.1.1 TTL-USB连接ESP8266的方法 190
- 12.1.2 Esp8266模块常用AT命令 193
- 12.1.3 数据发送与接收 196

12.2 Arduino连接esp8266网络通信 203
- 12.2.1 Arduino连接esp8266电路图 203
- 12.2.2 Arduino连接esp8266网络通信程序设计 204
- 12.2.3 程序运行 209

12.3 TCP客户端Android编程 211
- 12.3.1 Android布局设计 211
- 12.3.2 TCP网络通信客户端功能程序 213
- 12.3.3 程序运行 220
- 12.3.4 课外练习题目 220

参考文献 223

第1章 Android＋Arduino 相关知识与交互设计环境的建立

目前,一般认为物联网系统有三个层次。一是感知层,即利用 RFID、传感器、二维码等随时随地获取物体的信息;二是网络层,包括近场通信网络与远程通信网络,通过各种自组网络或电信网络与互联网的融合,将物体的信息实时准确地传递出去;三是应用层,把感知层得到的信息进行处理,实现智能化识别、定位、跟踪、监控和管理等实际应用。本教程的任务就是通过微项目的方式将物联网三层结构的实现技术呈现出来,能够让学生通过一个个实例逐步加深对物联网应用结构的理解。

本教程的基础包括:Java 与 Android 程序设计基础知识储备,最好已经学过 C51 单片机接口技术及 C 语言程序设计。如果没有后一项知识储备也可以通过本教程学会 Arduino,因为 Arduino 相较 C51 更容易掌握;如果没有前一项知识储备,对本教程提供的 Android 程序直接加以利用即可。

本教程涉及的软件环境包括:
(1) JDK＋ADT;
(2) Arduino 板载 USB 转串口 CH340 驱动安装(原装版需要反向安装);
(3) Arduino-IDE(安装完成后设置首选项默认保存 Hex 文件,此项为支持虚拟教学);
(4) Arduino 专用绘图软件(复制);
(5) Proteus 7.5(支持虚拟教学);
(6) 常用辅助开发工具(复制);
(7) 串口和网络调试助手软件(复制);
(8) Virtual Serialport Driver(虚拟串口)安装(支持虚拟教学);
(9) RXTX(复制)与项目相连试验;
(10) Arduino 非官方库文件(复制);
(11) 手机助手(建议 360 手机助手,手机驱动必须联网安装)——试验手机。

具体安装事宜在以后相关章节中都有具体说明。凡注明支持虚拟教学的软件工具的安装在教程中没有具体说明,需读者自己查找相关说明自行完成。本教程主要是面对实物环境展开教学,个别没有说明的内容只要找到相关的软件复制过来即可使用。

1.1 Android 开发环境的建立

Android＋Arduino 交互设计环境包括 Android 安装、Arduino 安装、Arduino 串口驱动安装及手机助手安装等。

在本教程提供的软件中找到"Android＋Arduino交互设计环境支撑软件"文件夹，进入"adt绿色安装完整版"文件夹，将包含adt的压缩文件解压到任一目录下，将包含ndk的压缩文件也解压到任一不含中文的目录下，然后依次按如下步骤操作。

（1）查看安装计算机的系统类型，分清是32位操作系统还是64位操作系统，依据不同系统类型选择不同的JDK安装。

JDK（Java Development Kit）是Java语言的软件开发工具包（SDK），主要用于移动设备、嵌入式设备上的Java应用程序。JDK是整个Java开发的核心，它包含了Java的运行环境、Java工具和Java基础的类库。没有JDK，无法编译Java程序。如果想只运行Java程序，而不打算对Java程序做编译处理，则只需安装相应的JRE，这是安装JRE与安装JDK的区别。

查看计算机系统类型的方法：在计算机桌面上找到"计算机"图标，右击选择"属性"，出现如图1-1结果。

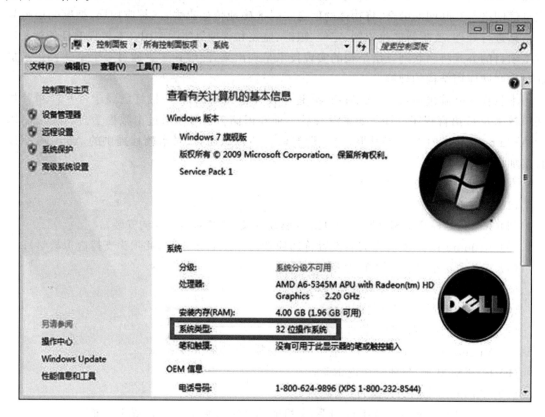

图1-1　计算机属性图示

对应64位系统的JDK安装软件一般为如下名称：jdk-7u79-windows-x64.exe；对应32位系统的JDK安装软件可能为如下名称：jdk-7u79-windows-i586.exe。针对不同系统类型，双击以上.exe文件安装JDK，实现Java与Android运行开发环境。JDK安装按照提示一步步进行即可，此处不再详述。安装完JDK，即可运行eclips进入Android开发。需要说明的是，如果64位系统不能运行eclips，应卸载原已经安装的32位JDK，安装64位JDK，再进行实验。另外需要特别提醒的是，对于Windows 8和Windows 10要将eclips右击设置为兼容Windows 7模式运行。

（2）将NDK（Native Development Kit）也解压到任一不含中文的目录下。我们知道，

Android 程序运行在 Dalvik 虚拟机中，NDK 允许用户使用类似 C/C++之类的原生代码语言执行部分程序。NDK 的安装步骤为：打开 eclips，选择 Window/Preferences(首选项)→选择左框中的 Android→NDK，在右框中 NDK Location：后面输入 Android-ndk-r9 文件目录，实现原生码(比如 C 语言编写的本地程序)支持的开发环境。

（3）Android 界面汉化。将 eclipse 汉化包解压覆盖原文件即可。

1.2 Arduino 与单片机

要了解 Arduino 就要先了解什么是单片机，Arduino 平台的基础就是 AVR 指令集的单片机。

1. 什么是单片机？它与个人计算机有什么不同？

一台能够工作的计算机由这样几个部分构成：中央处理单元 CPU(进行运算、控制)、随机存储器 RAM(数据存储)、只读存储器 ROM(程序存储)、输入/输出设备 I/O(串行口、并行输出口等)。在个人计算机(PC)上这些部分被分成若干块芯片，安装在一个被称为主板的印刷线路板上。而在单片机中，这些部分全部被做到一块集成电路芯片中，所以就称为单片(单芯片)机，而且有一些单片机中除了上述部分外，还集成了其他部分，如模拟量/数字量转换(A/D)和数字量/模拟量转换(D/A)等。

2. 单片机有什么用？

在实际工作中并不是任何需要计算机的场合都要求计算机有很高的性能，一台控制电冰箱温度的计算机难道要用酷睿处理器吗？应用的关键是看计算机性能是否够用，是否有很好的性价比。

单片机通常用于工业生产的控制、生活中与程序和控制有关(如电子琴、冰箱、智能空调等)的场合。

3. 什么是 Arduino？

Arduino 是一款便捷灵活、方便上手的开源电子原型平台，包含硬件(各种型号的 Arduino UNO 板)和软件(Arduino IDE)两部分。Arduino 由一个欧洲开发团队于 2005 年冬季开发完成，其成员包括 Massimo Banzi、David Cuartielles、Tom Igoe、Gianluca Martino、David Mellis 和 Nicholas Zambetti。

Massimo Banzi(班齐)之前是意大利 Ivrea 一家高科技设计学校的老师。他的学生们经常抱怨找不到便宜好用的微控制器。2005 年冬天，Massimo Banzi 跟 David Cuartielles 讨论了这个问题。David Cuartielles 是一个西班牙籍晶片工程师，当时在这所学校做访问学者。两人决定设计自己的电路板，Banzi 的学生 David Mellis(大卫·梅利斯)为电路板设计编程语言。Massimo Banzi 喜欢去一家名叫 di Re Arduino 的酒吧，该酒吧是以 1 000 年前意大利国王 Arduin 的名字命名的。为了纪念这个地方，他将这块电路板命名为 Arduino。

Arduino 构建于开放原始码 simple I/O 界面版，并且具有使用类似 Java、C 语言的 Processing/Wiring 开发环境。Arduino 主要包含两个主要的部分：硬件部分是可以用来做电路连接的 Arduino 电路板；Arduino IDE 则为计算机中的程序开发环境。只要在 IDE 中编写程序代码，将程序上传到 Arduino 电路板后，程序便会告诉 Arduino 电路板要做些什么了。

Arduino 是一个能够用来感应和控制现实物理世界的一套工具。它由一个基于单片机并且开放源码的硬件平台，和一套为 Arduino UNO 板编写程序的开发环境组成。Arduino 能通过各种各样的传感器来感知环境，通过控制灯光、电动机和其他的装置来反馈、影响环境。板子上的微控制器可以通过 Arduino 的编程语言来编写程序，编译成二进制文件，烧录进微控制器，可以快速使用 Arduino 与 Adobe Flash，Processing，Max/MSP，Pure Data，SuperCollider 等软件结合，开发交互产品。

Arduino 的编程语言就像是在对一个类似于物理的计算平台进行相应的连线，它基于处理多媒体的编程环境。

4. 为什么要使用 Arduino？

有很多的单片机和单片机平台都适合用作交互式系统的设计。例如：Parallax Basic Stamp，Netmedia's BX-24，Phidgets，MIT's Handyboard 等。所有这些工具，都不需要去关心单片机编程烦琐的细节，提供的是一套容易使用的工具包。Arduino 同样也简化了同单片机工作的流程，同其他系统相比，Arduino 在很多地方更具有优越性，特别适合老师、学生和一些业余爱好者们使用。

- 便宜——和其他平台相比，Arduino UNO 板较便宜。可以自己动手制作 Arduino 板，即使是组装好的成品，其价格也不会超过 200 元。
- 跨平台——Arduino 软件可以运行在 Windows、Macintosh OSX 和 Linux 操作系统。大部分其他的单片机系统都只能运行在 Windows 上。
- 简易的编程环境——初学者很容易就能学会使用 Arduino 编程环境，同时它又能为高级用户提供足够多的高级应用。对于老师们来说，一般都能很方便地使用 Processing 编程环境，所以如果学生学习过使用 Processing 编程环境，那他们在使用 Arduino 开发环境的时候就会很轻松。
- 软件开源并可扩展——Arduino 软件是开源的，对于有经验的程序员可以对其进行扩展。Arduino 编程语言可以通过 C++ 库进行扩展，如果有人想去了解技术上的细节，可以跳过 Arduino 语言而直接使用 AVR-C 编程语言（因为 Arduino 语言实际上是基于 AVR-C 的）。类似地，如果需要的话，也可以直接往 Arduino 程序中添加 AVR-C 代码。
- 硬件开源并可扩展——Arduino 板基于 Atmel 的 ATMEGA8 和 ATMEGA168/328 单片机。Arduino 基于 Creative Commons 许可协议，所以有经验的电路设计师能够根据需求设计自己的模块，可以对其扩展或改进。甚至对于一些相对没有什么经验的用户，也可以通过制作试验板来理解 Arduino 是怎么工作的，省钱又省事。
- 发展迅速——Arduino 不仅仅是全球最流行的开源硬件，也是一个优秀的硬件开发平台，更是硬件开发的趋势。Arduino 简单的开发方式使得开发者更关注创意与实现，更快地完成自己的项目开发，大大节约了学习的成本，缩短了开发的周期。

Arduino 基于 AVR 平台，对 AVR 库进行了二次编译封装，端口也做了封装，寄存器、地址指针之类的基本不用管。这大大降低了软件开发难度，适宜非专业爱好者使用。Arduino 优点和缺点并存，因为是二次编译封装，代码不如直接使用 AVR 命令编写精练，代码执行效率与代码体积也都弱于 AVR 直接编译。

但无论如何，因为 Arduino 的种种优势，越来越多的专业硬件开发者已经开始使用 Arduino 来开发项目、产品；越来越多的软件开发者使用 Arduino 进入硬件、物联网等开发领域；在大学里，自动化、软件，甚至艺术专业，也纷纷开展了 Arduino 相关课程。

1.3　Arduino 硬件组成

1. 主板

Arduino 的型号有很多，如：Arduino Uno、Arduino Nano、Arduino LilyPad、Arduino Mega 2560、Arduino Ethernet、Arduino Due 等。Arduino Uno 是使用比较多的一种板型号，本教程所使用的就是此型号。Arduino Uno 是 2011 年 9 月 25 日在纽约创客大会(New York Maker Faire)上发布的，型号名字 Uno 是意大利语中"一"的意思，用来表达 Arduino 软件的 1.0 版本，即 Uno Punto Zero(意大利语的"1.0")。目前官网上已经出到 Arduino Uno R3，即第三版。对于一些对电路板大小要求比较严格的地方，Arduino 团队提供了 Arduino Nano，此板体积做得非常小。Arduino Uno 板及接口图示如图 1-2 所示。Arduino Nano 板如图 1-3 所示。

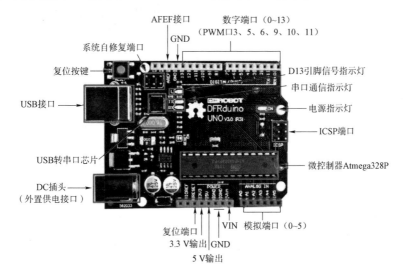

图 1-2　Arduino Uno 板及接口图示

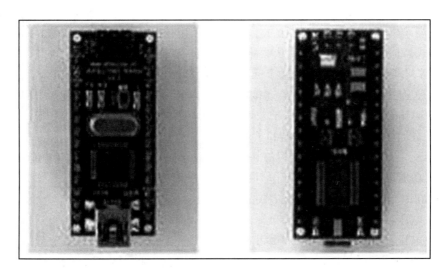

图 1-3　Arduino Nano 板

2. 扩展板

Arduino 的扩展板很多，如 Arduino GSM Shield Front（图 1-4）、Arduino Ethernet Shield（图 1-5）、Arduino WiFi Shield、Arduino Wireless SD Shield、Arduino USB Host Shield、Arduino Motor Shield、Arduino Wireless Proto Shield 等。

图 1-4　Arduino GSM Shield Front　　　　图 1-5　Arduino Ethernet Shield

UNO 的处理器核心是 ATmega328，具有 14 路数字输入/输出口（其中 6 路可作为 PWM 输出）、6 路模拟输入、一个 16 MHz 晶体振荡器、一个 USB 口、一个电源插座、一个 ICSP header 和一个复位按钮。

Arduino UNO 可以通过 3 种方式供电，而且能自动选择供电方式：

◆ 外部直流电源通过电源插座供电；

◆ 电池连接电源连接器的 GND 和 VIN 引脚（见图 1-2）；

◆ USB 接口直接供电。

VIN 端口：VIN 是 input voltage 的缩写，表示有外部电源时的输入端口。

AREF：Reference voltage for the analog inputs（模拟输入的基准电压）。使用 analogReference() 命令调用。

ICSP：也称为 ISP（In System Programmer），就是一种线上即时烧录，目前比较新的芯片都支持这种烧录模式，包括 8051 系列的芯片，也都采用这种简便的烧录方式。我们都知道传统的烧录方式，都是将被烧录的芯片从线路板上拔起，有的焊死在线路板上的芯片，还得先把芯片焊接下来才能烧录。为了解决这个问题，发明了 ICSP 线上即时烧录方式。只需要准备一条 R232 线（连接烧录器），以及一条连接烧录器与烧录芯片针脚的连接线。

Arduino Uno 性能总结如下。

- Digital I/O：数字输入/输出端口 0～13。
- Analog I/O：模拟输入/输出端口 0～5。这 6 个接口也可以作为接口功能复用，除模拟接口功能以外，这 6 个接口可作为数字接口使用，编号为 14～19。
- Arduino Uno 支持 ICSP 下载，支持 TX/RX。
- 输入电压：USB 接口供电或者 5～12 V 外部电源供电。
- 输出电压：支持 3.3～5 V DC 输出。
- 处理器：使用 Atmel Atmega168 328 处理器，因其支持者众多，已有公司开发出来 32 位的 MCU 平台支持 Arduino。

- 存储器：ATmega328 包括了片上 32 KB Flash，其中 0.5 KB 用于 Bootloader。同时还有 2 KB SRAM 和 1 KB EEPROM。
- 通信接口：①串口：ATmega328 内置的 UART 可以通过数字口 0（RX）和 1（TX）与外部实现串口通信；ATmega16U2 可以访问数字口实现 USB 上的虚拟串口；②TWI（兼容 I2C）接口；③SPI 接口。

Arduino UNO 上的 ATmega328 已经预置了 bootloader 程序，因此可以通过 Arduino 软件直接下载程序到 UNO 中。

1.4　ArduinoIDE 开发环境建立

拿到 Arduino 控制板后，首先需要把驱动装上，这样才可以进行各种实验。

第一步，下载 Arduino 开发环境。

需要从官网下载 Arduino IDE（IDE 就是 Arduino 的软件程序开发环境），在教程/Android＋Arduino 交互设计环境支撑软件/Arduino 开发软件/文件夹下提供 Arduino-1.7.8.org-windows.exe 安装程序。对于 1.7 以下的版本则无需安装，只需解压 IDE，再双击 Arduino.exe 即可使用。

第二步，Arduino USB 串口驱动的安装。

（1）正向安装

目前，国内生产的 Arduino 板大都使用 CH340USB 串口芯片。可下载 CH340（或 CH341）驱动程序，双击 CH341SER.EXE（或 SETUP.EXE）文件，如图 1-6 所示。

单击"帮助"按钮，出现安装说明，如图 1-7 所示。按说明进行安装或卸载。

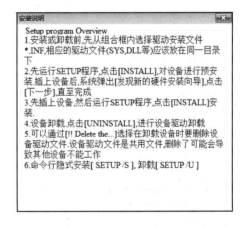

图 1-6　CH340 驱动安装　　　　　图 1-7　CH340 安装说明

安装成功后，用 Arduino 自带的 USB 连接线将 Arduino 和 PC 连接起来，在设备管理器中可看到相应的串行端口，如图 1-8 所示。

（2）反向安装

对于原版 Arduino，其驱动程序就在 Arduino IDE 下的 drivers 文件夹下，最新版的 Arduino UNO、Arduino MEGA、Arduino Leonardo 等控制器及各厂家的兼容控制器，在 MAC OS 和 Linux 系统下，均是不要驱动程序的，只需直接插上，即可使用。但在 Windows

系统中,需要为 Arduino 安装驱动配置文件,才可正常驱动 Arduino,具体方法如下(采用反向安装)。

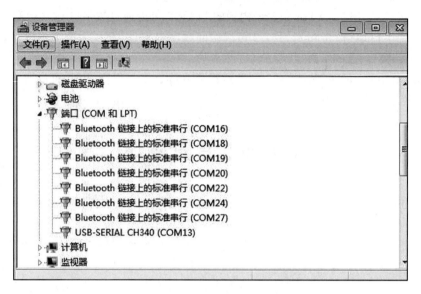

图 1-8　查看 USB 串行端口

首先通过 USB 数据线把 Arduino UNO R3 和计算机进行连接。正常情况下会提示驱动安装,这里是在 Windows 7 上截图说明,也可在 Windows XP 上安装。

① 在设备管理器中找到未识别的设备,然后选择更新驱动程序软件,如图 1-9 所示。

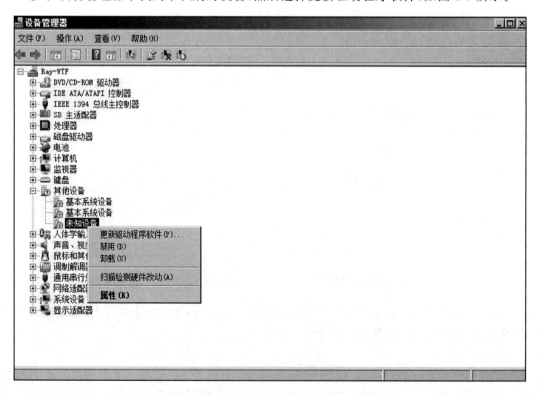

图 1-9　选择更新驱动程序软件

② 选择浏览计算机以查找驱动程序软件,如图 1-10 所示。

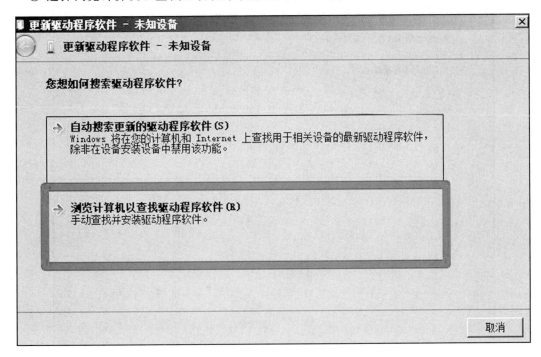

图 1-10　查找驱动程序软件

③ 浏览计算机上的驱动程序文件,方法是找到 Arduino IDE 中的 drivers 文件夹,如图 1-11 所示。如果对 Arduino IDE 不了解,可以先查看《Arduino 开发入门教程(三) Arduino 开发工具》。

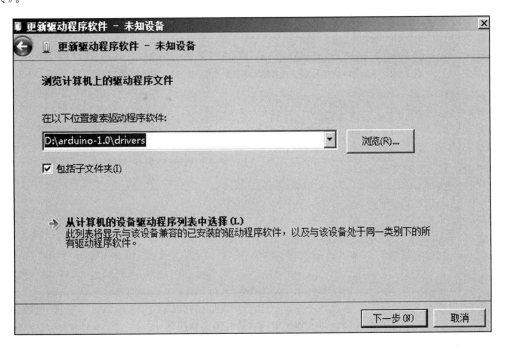

图 1-11　浏览计算机的驱动程序文件

单击"下一步"按钮即可实现安装,如图 1-12、图 1-13 所示。

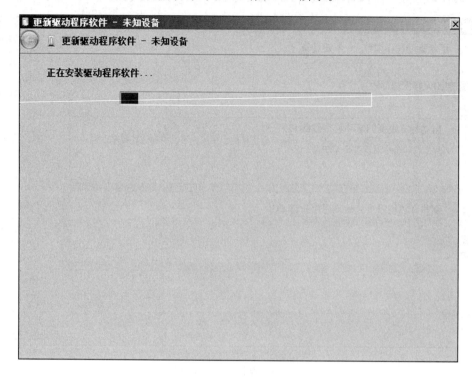

图 1-12　安装驱动程序软件

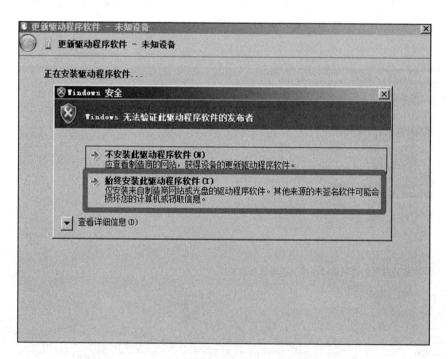

图 1-13　选择始终安装此驱动程序软件

④ 驱动安装完成,如图 1-14 所示。

此时,在设备管理器中也可发现 USB 串行端口出现。

第 1 章 Android＋Arduino 相关知识与交互设计环境的建立

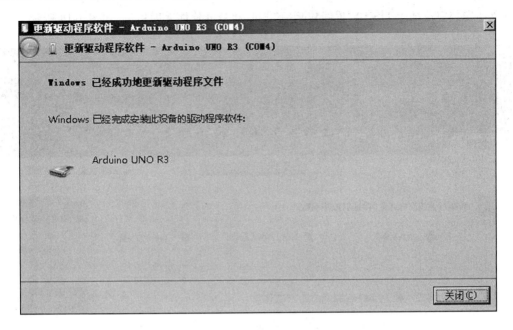

图 1-14　驱动安装完成

（3）利用驱动精灵、驱动人生、万能串口驱动等第三方驱动软件安装，如图 1-15 所示。

如果所提供的 CH340 驱动安装包与计算机不兼容，无法安装，可以尝试安装软件驱动精灵，注意必须在联网的情况下完成安装。

图 1-15　安装驱动

驱动安装完成插上 USB 数据线以后,单击驱动精灵软件立即检测,如图 1-16 所示。

图 1-16 驱动检测

检测完成之后,会在这个界面提示安装驱动选择,按照软件的指引操作就可以了。图例的计算机已经安装了 CH340 驱动,所以检测不到,没有显示出来。

1.5 Arduino 编程——最简单的例子(Hello World 实验)

下面先来练习一个不需要其他辅助元件,只需要一块 Arduino 和一根下载线的简单实验。本实验让 Arduino 软件说出"Hello World!",这是一个让 Arduino 和 PC 通信的实验,这也是一个入门实验。希望通过本实验可以带领大家进入 Arduino 的世界。

这个实验需要用到的实验硬件有 Arduino 控制器和 USB 下载线,如图 1-17、图 1-18 所示。

按照上面所讲的将 Arduino 的驱动安装好后,打开 Arduino 的软件,编写一段程序让 Arduino 接收到所发的指令就显示"Hello World!"字符串,当然也可以让 Arduino 不用接收任何指令就直接不断回显"Hello World!"。其实很简单,一条 if()语句就可以让 Arduino 听从指令了,再借用一下 Arduino 自带的数字 13 口 LED,让 Arduino 接收到指令时 LED 闪烁一下,再显示"Hello World!"

第 1 章　Android+Arduino 相关知识与交互设计环境的建立

图 1-17　Arduino 控制器

图 1-18　USB 下载线

下面给出参考程序。

int val;	//定义变量 val
int ledpin = 13;	//定义数字接口 13
void setup()	
{	
Serial.begin(9600);	//设置波特率为 9600 Baud,这里要跟软件设置相一致。当接入特定设备(如蓝牙)时,也要跟其他设备的波特率达到一致。
pinMode(ledpin,OUTPUT);	//设置数字 13 口为输出接口,Arduino 上用到的 I/O 口都要进行类似的定义。
}	
void loop()	
{	

13

```
val = Serial.read();            //读取 PC 发送给 Arduino 的指令或字符,并将该指令或字符赋给 val
if(val == 'R')                  //判断接收的指令或字符是否是"R"。
{                               //如果接收到的是"R"字符
    digitalWrite(ledpin,HIGH);  //点亮数字 13 口 LED
    delay(500);
    digitalWrite(ledpin,LOW);   //熄灭数字 13 口 LED
    delay(500);
    Serial.println("Hello World!");  //显示"Hello World!"字符串
}
}
```

第一步:首先打开 Arduino IDE,把以上代码复制进去。

第二步:将 Arduino IDE 的界面设置为中文显示。通过菜单"File"|"Preferences"设置,如图 1-19 所示。单击"OK"按钮并退出 Arduino IDE,再次打开时就会出现中文显示的界面。

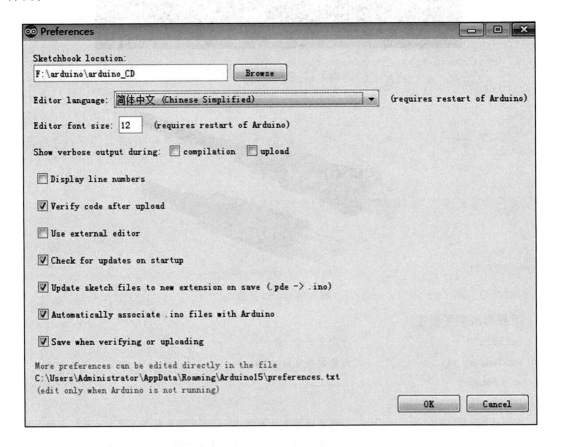

图 1-19 首选项设置

其他如项目文件默认保存位置、编辑器字体大小等设置都可在此界面中完成。

第三步,输入 Hello World 参考程序,并保存为文件名为 Hello_World 的 Arduino 程序,结果如图 1-20 所示。

第四步,依据 LED 连接电路原理图做面包板连线,如图 1-21 所示。

第 1 章　Android＋Arduino 相关知识与交互设计环境的建立

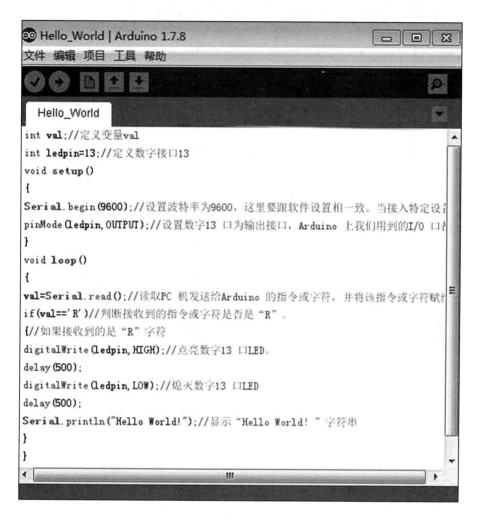

图 1-20　Hello World 参考程序输入界面

将教程下\Android＋Arduino 交互设计\Android＋Arduino 交互设计环境支撑软件\Arduino 专用绘图软件\fritzing.2013.07.27.pc.zip 解压,运行 fritzing.exe 即可以实现 Arduino 面包板连线绘图,如图 1-22 所示。

第五步,烧写并运行程序。将 Arduino 与 PC 通过 USB 烧写线连接。

① 通过"工具"|"板"|选择自己的 Arduino 板型号,如图 1-23 所示。

② 打开计算机操作系统的设备管理器⇒端口,查看连接 Arduino UNO 板后其相应的串行端口编号,如图 1-8 所示。然后设置端口,如图 1-24 所示。

③ 烧写运行。单击工具栏中向右的箭头,出现"上传"提示,如图 1-25 所示,等待一段时间,如果编译成功,就可以实现上传烧写成功的提示。

④ 查看运行结果。单击"工具"|"串口监视器",打开 Arduino 串口输出。输入"R",按 Enter 键或单击"发送"按钮,会出现如图 1-26 所示结果。

注意串口监视器中的输出波特率选择要与程序中相应设置 Serial.begin(9600)相同。

15

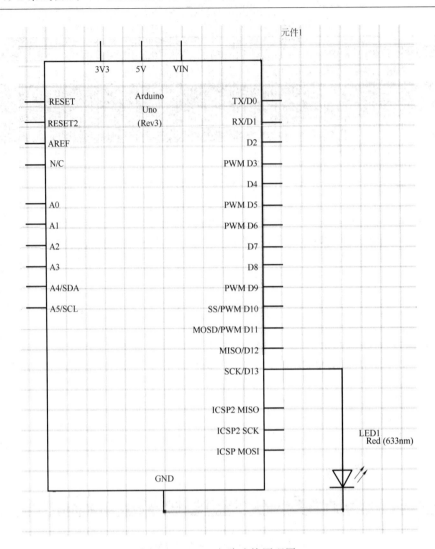

图 1-21　LED 电路连接原理图

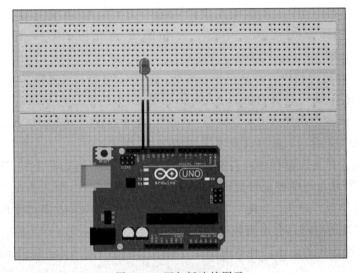

图 1-22　面包板连接图示

第1章　Android＋Arduino 相关知识与交互设计环境的建立

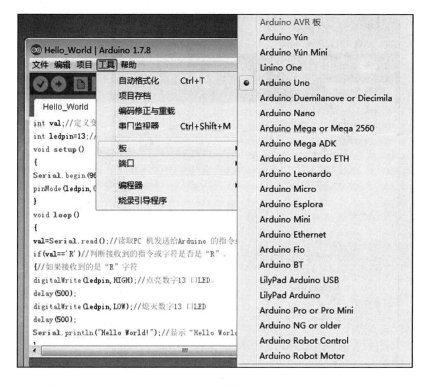

图 1-23　Arduino 板型号选择

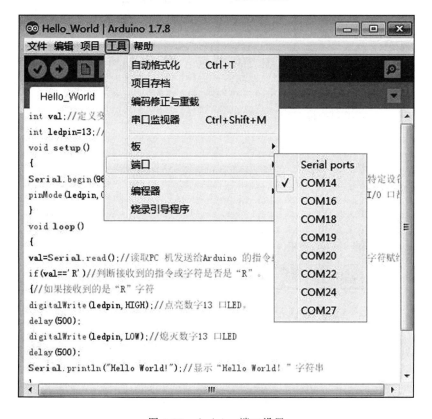

图 1-24　Arduino 端口设置

图 1-25 Arduino 烧写

图 1-26 Arduino 串口监视器输出图示

第 2 章 Arduino 语言基础

Arduino 语言是建立在 C/C++基础上的,其实也就是基础的 C 语言,Arduino 语言只不过把相关的一些参数设置都函数化,不用去了解其底层,即使不了解 AVR 单片机(微控制器)也能轻松上手。

Arduino 语言可以分为基础 C 语言部分和 Arduino 语言部分。

2.1 基础 C 语言部分简介

2.1.1 C 语言语法

1. 常用关键字介绍

- if 条件选择语句;
- if…else 条件选择语句;
- for 循环语句;
- switch case 并行多分支选择;
- while 循环语句;
- do…while 循环语句;
- break 强制跳出循环;
- continue 继续;
- return 返回;
- goto 无条件转移。

2. 语法符号

- ";"每个语句和数据定义的最后必须有一个分号(不包括引号,下同)。
- "{}"大括号内的内容是函数体,即{……}。
- "/ ＊＊ /"C 语言的注释以 / ＊ 开始,以 ＊ / 结束,注释可以跟在指令之后,也可以在独立一行中。
- "//"注释也可以用"//"开头,该符号右边整行都是注释。

3. 赋值运算符

- ＝(指定)例如:$A=x$ 将 x 变量的值放入 A 变量。

- ＋＝(加入)例如：$B+=x$ 将 B 变量的值与 x 变量的值相加，其和放入 B 变量，与 $B=B+x$ 相同。
- －＝(减去)例如：$C-=x$ 将 C 变量的值减去 x 变量的值，其差放入 C 变量，与 $C=C-x$ 相同。
- ＊＝(乘入)例如：$D*=x$ 将 D 变量的值与 x 变量的值相乘，其积放入 D 变量，与 $D=D*x$ 相同。
- ／＝(除)例如：$E/=x$ 将 E 变量的值除以 x 变量的值，其商放入 E 变量，与 $E=E/x$ 相同。
- ％＝(取余)例如：$F\%=x$ 将 F 变量的值除以 x 变量的值，其余数放入 F 变量，与 $F=F\%x$ 相同。
- ＆＝(与运算)例如：$G\&=x$ 将 G 变量的值与 x 变量的值相 AND 运算，其结果放入 G 变量，与 $G=G\&x$ 相同。
- ｜＝(或运算)例如：$H|=x$ 将 H 变量的值与 x 变量的值相 OR 运算，其结果放入 H 变量，与 $H=H|x$ 相同。
- ^＝(互斥或)例如：$I\textasciicircum=x$ 将 I 变量的值与 x 变量的值相 XOR 运算，其结果放入 I 变量，与 $I=I\textasciicircum x$ 相同。
- ＜＜＝(左移)例如：$J<<=n$ 将 J 变量的值左移 n 位，与 $J=J<<n$ 相同。
- ＞＞＝(右移)例如：$K>>=n$ 将 K 变量的值右移 n 位，与 $K=K>>n$ 相同。

4. 算数运算符

- ＋(加)例如：$A=x+y$ 将 x 与 y 变量的值相加，其和放入 A 变量。
- －(减)例如：$B=x-y$ 将 x 变量的值减去 y 变量的值，其差放入 B 变量。
- ＊(乘)例如：$C=x*y$ 将 x 与 y 变量的值相乘，其积放入 C 变量。
- ／(除)例如：$D=x/y$ 将 x 变量的值除以 y 变量的值，其商放入 D 变量。
- ％(取余)例如：$E=x\%y$ 将 x 变量的值除以 y 变量的值，其余数放入 E 变量。

5. 关系运算符

- ＝＝(相等)例如：$x==y$ 比较 x 与 y 变量的值是否相等，相等则其结果为 1，不相等则为 0。
- ！＝(不等)例如：$x!=y$ 比较 x 与 y 变量的值是否相等，不相等则其结果为 1，相等则为 0。
- ＜(小于)例如：$x<y$ 若 x 变量的值小于 y 变量的值，其结果为 1，否则为 0。
- ＞(大于)例如：$x>y$ 若 x 变量的值大于 y 变量的值，其结果为 1，否则为 0。
- ＜＝(小等于)例如：$x<=y$ 若 x 变量的值小等于 y 变量的值，其结果为 1，否则为 0。
- ＞＝(大等于)例如：$x>=y$ 若 x 变量的值大等于 y 变量的值，其结果为 1，否则为 0。

6. 逻辑运算符

- ＆＆(与运算)例如：$(x>y)\&\&(y>z)$ 若 x 变量的值大于 y 变量的值，且 y 变量的值大于 z 变量的值，则其结果为 1，否则为 0。
- ‖(或运算)例如：$(x>y)\|(y>z)$ 若 x 变量的值大于 y 变量的值，或 y 变量的值大于

z 变量的值,则其结果为 1,否则为 0。
- !(非运算)例如:!($x>y$)若 x 变量的值大于 y 变量的值,则其结果为 0,否则为 1。

递增/减运算符。
- ++(加 1)例如:x++将 x 变量的值加 1;(在使用 i 之后,再使 i 值加 1)。
- −−(减 1)例如:x−−将 x 变量的值减 1。(在使用 i 之后,再使 i 值减 1)。

7. 数据类型

- char 字符 8 bit。
- unsigned char 无符号字符 8 bit。
- int 整数 16 bit。
- unsigned int 无符号整数 16 bit。
- long 长整数 32 bit。
- unsigned long 无符号长整数 32 bit。
- float 浮点数 32 bit。
- double 双倍精度浮点数 64 bit。
- array 数组。
- void 无 0。

8. 数据类型转换(Arduino 数据类型转换函数)

- char():将任意类型的值转换成 char 类型。
- byte():将任意类型的值转换成 byte 类型。
- int():将任意类型的值转换成 int 类型。
- long():将任意类型的值转换成 long 类型。
- float():将任意类型的值转换成 float 类型。

9. 常量表示

- HIGH/LOW,表示数字 IO 口的电平,HIGH 表示高电平(1),LOW 表示低电平(0)。
- INPUT/OUTPUT,表示数字 IO 口的方向,INPUT 表示输入(高阻态),OUTPUT 表示输出(AVR 能提供 5 V 电压,40 mA 电流)。
- true/false,true 表示真(1),false 表示假(0)。

2.1.2 变量的作用范围(作用域)

作用范围与该变量在哪里声明有关,大致分为如下两种。

(1) 全局变量:若在程序开头的声明区或者是在没有大括号限制的声明区,所声明的变量的作用域为整个程序。

(2) 局部变量:若在大括号内的声明区所声明的变量,其作用域将受限于大括号。若在主程序与各函数中都声明了相同名称的变量,则离开主程序或函数,该变量将自动消失。

为什么要定义变量?定义变量就相当于给存储地址取个名字,如图 2-1 所示。

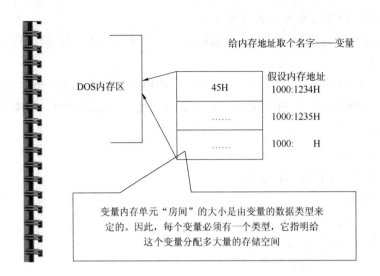

图 2-1 内存地址示意图

2.2 Arduino 语言

Arduino 程序由 C 语言和 Arduino 语言或者 Arduino 函数组成。Arduino 程序架构大体可分为以下三个部分。

(1) 声明变量及接口名称(例如 int val;int ledPin=13;)。

(2) setup()——函数在程序开始时使用,可以初始化变量、接口模式、启用库等(例如:pinMode(ledPin,OUTUPT);)。

(3) loop()——在 setup()函数之后,即初始化之后,loop()让程序循环地被执行。使用它来运转 Arduino。

一般在 C 语言中要求必须有一个主函数,即 main 函数,且只能有一个主函数,程序执行是从主函数开始的。但在 Arduino 中,主函数 main 函数在内部定义了,使用者只需要完成以上两个函数("setup()"和"loop()")就能够完成 Arduino 程序的编写,这两个函数分别负责 Arduino 程序的初始化部分和执行部分。它们是两个均为无返回值的函数,因此,要在 setup()函数和 loop()函数前限定 void 类型。

void setup()函数用于初始化,一般放在程序开头,主要工作是用于设置一些引脚的输出/输入模式,初始化串口等,该函数只在上电或重启时执行一次。

void loop()函数用于执行程序,loop()函数是一个死循环,其中的代码将被循环执行,来完成程序的功能。

2.2.1 Arduino 常用函数介绍

1. 结构函数

- void setup() 初始化变量,引脚模式,调用库函数等。
- void loop() 连续执行函数内的语句。

2. 功能函数

(1) 数字 I/O 函数
- pinMode(pin, mode),数字 I/O 口输入输出模式定义函数,pin 表示为 0～13,mode 表示为 INPUT 或 OUTPUT。
- digitalWrite(pin, value),数字 I/O 口输出电平定义函数,pin 表示为 0～13,value 表示为 HIGH 或 LOW。比如定义 HIGH 可以驱动 LED。
- int digitalRead(pin),数字 I/O 口读输入电平函数,pin 表示为 0～13,value 表示为 HIGH 或 LOW。比如可以读数字传感器。

(2) 模拟 I/O 函数
- int analogRead(pin),模拟 I/O 口读函数,pin 表示为 0～5(Arduino Diecimila 为 0～5,Arduino nano 为 0～7)。比如可以读模拟传感器(10 位 AD,0～5 V 表示为 0～1023)。
- analogWrite(pin, value),PWM(脉冲宽度调制)数字 I/O 口 PWM 输出函数,Arduino 数字 IO 口标注了 PWM 的 IO 口可使用该函数,pin 表示 3、5、6、9、10、11,value 表示为 0～255。比如可用于电动机 PWM 调速或音乐播放。

(3) 扩展 I/O 函数
- shiftOut(dataPin, clockPin, bitOrder, value),串行外设接口 SPI(Serial Peripheral Interface)外部 I/O 扩展函数,通常使用带 SPI 接口的 74HC595 做 8 个 I/O 扩展,dataPin 为数据口,clockPin 为时钟口,bitOrder 为数据传输方向(MSBFIRST 高位在前,LSBFIRST 低位在前),value 表示所要传送的数据(0～255),另外还需要一个 IO 口做 74HC595 的使能控制。
- unsigned long pulseIn(pin, value),脉冲(pulse)长度记录函数,返回时间参数(单位为 μs),pin 表示为 0～13,value 为 HIGH 或 LOW。比如 value 为 HIGH,那么当 pin 输入为高电平时,开始计时,当 pin 输入为低电平时,停止计时,然后返回该时间。

3. 时间函数
- unsigned long millis(),返回时间函数(单位为 ms),该函数是指当程序运行就开始计时并返回记录的参数,该参数溢出大概需要 50 天时间。
- delay(ms),延时函数(单位为 ms)。
- delayMicroseconds(us),延时函数(单位为 μs)。

4. 数学函数
- min(x, y)求最小值。
- max(x, y)求最大值。
- abs(x)计算绝对值。
- constrain(x,a,b)约束函数,下限 a,上限 b,x 必须在 ab 之间才能返回。
- map(value, fromLow, fromHigh, toLow, toHigh) 约束函数,value 必须在 fromLow 与 toLow 之间和 fromHigh 与 toHigh 之间。
- pow(base, exponent)开方函数,base 的 exponent 次方。
- sq(x)平方。
- sqrt(x)开根号。

5. 三角函数

- sin(rad)。
- cos(rad)。
- tan(rad)。

6. 随机数函数

- randomSeed(seed)随机数端口定义函数,seed 表示读模拟口 analogRead(pin)函数。
- long random(max)随机数函数,返回数据大于等于 0,小于 max。
- long random(min,max)随机数函数,返回数据大于等于 min,小于 max。

7. 外部中断函数

- 外部中断设置函数:attachInterrupt(interrupt ,function,mode)。

attachInterrupt 函数用于设置外部中断,函数有 3 个参数:interrupt、function 和 mode,分别表示中断源、中断处理函数和触发模式。

参数中断源 interrupt 可选值 0 或 1,在 Arduino 中一般对应 2 号和 3 号数字引脚;参数中断处理函数 function 用来指定中断的处理函数,参数值为函数的指针;触发模式 mode 有 4 种类型:LOW(低电平触发)、CHANGE(变化时触发)、RISING(低电平变为高电平触发)、FALLING(高电平变为低电平触发)。

下面的例子是通过外部引脚(如 2 号引脚)触发中断函数。然后控制 13 号引脚的 LED 的闪烁。

```
int pin = 13;
volatile int state = LOW;
void setup()
{
    pinMode(pin, OUTPUT);
    attachInterrupt(0, blink, CHANGE);          //中断源:1
      //中断处理函数:blink()
      //触发模式:CHANGE(变化时触发)
}
void loop()
{
    digitalWrite(pin, state);
}
//中断处理函数
void blink()
{
    state =! state;
}
```

在使用 attachInterrupt 函数时要注意以下几点。

(1) 在中断函数中 delay 函数不能使用。

(2) 使用 millis 函数始终返回进入中断前的值。

(3) 读取串口数据的话,可能会丢失。

(4) 中断函数中使用的变量需要定义为 volatile 型。

中断开关函数:detachInterrupt(interrupt)主要用于取消中断,interrupt=1 开,interrupt=0 关。

8. 中断使能函数

在 Arduino 中,interrupts()函数与 noInterrupts()函数分别负责打开与关闭总中断,这两个函数均为无返回值函数,无参数。

- interrupts() 使能中断。

当使用 nointerrupts()屏蔽中断后,可以使用 interrupts()来恢复对中断的接收。

- noInterrupts() 禁止中断。

noInterrupts() 用于屏蔽所有在用户程序中设定的中断。通常中断是被允许的,某些重要事务需要中断来处理,例如,Maple 的 USB 通信功能。但是中断有时会对程序执行的时间产生轻微的影响,如果程序中有部分代码对时间非常敏感,可以使用 nointerrupts()来防止中断对程序的干扰。

9. 串口收发函数

- Serial.begin(speed)串口定义波特率函数,speed 表示波特率,如 9 600 Baud,19 200 Baud 等。
- int Serial.available()判断缓冲器状态。
- int Serial.read()读串口并返回收到参数。
- Serial.flush()清空缓冲器。
- Serial.print(data)串口输出数据。
- Serial.println(data)串口输出数据并带回车符。

2.2.2 Arduino 函数综合应用举例

练习一:将指定的引脚配置成输出或输入(pinMode(pin, mode) pin:要设置模式的引脚 mode:INPUT 或 OUTPUT),程序如下:

```
ledPin = 13                              //LED 连接到数字引脚 13
    void setup()
    {
        pinMode(ledPin,OUTPUT);          //设置数字引脚为输出
    }
    void loop()
    {
        digitalWrite(ledPin,HIGH);       //点亮 LED
        delay(1000);                     //等待一秒
        digitalWrite(ledPin, LOW);       //灭掉 LED
        delay(1000);                     //等待第二个
    }
```

digitalWrite()是给一个数字引脚写入 HIGH 或者 LOW,前面已有介绍,是数字 I/O 口输出电平定义函数,与 pinMode(ledPin,OUTPUT)配置项对应。

提问:假设程序中使用数字 I/O 口读输入电平函数 int digitalRead(pin),与其相对应的数字 I/O 口输入输出模式 pinMode 应定义对应引脚 mode 是 INPUT,还是 OUTPUT?

通过对上面问题的思考,可以发现,输入输出是对于 Arduino 而言,从 Arduino 输出写到 I/O 口的数字数据,对应引脚 mode 是 OUTPUT,相对应使用 digitalWrite()语句;Arduino 从 I/O 口读取数据,对应引脚 mode 应设置为 INPUT,相对应使用 digitalRead()语句。(关于引脚数据读取的练习将在以后的课程中学习)。

引脚电压定义,HIGH 和 LOW(当读取(read)或写入(write)数字引脚时只有两个可能的值:HIGH 和 LOW)。

(1) HIGH(参考引脚)的含义取决于引脚(pin)的设置,引脚定义为 INPUT 或 OUTPUT 时含义有所不同。

当一个引脚通过 pinMode 被设置为 INPUT,并通过 digitalRead 读取(read)时。如果当前引脚的电压大于等于 3 V,Arduino 微控制器将会返回为 HIGH。

当引脚通过 pinMode 被设置为 OUTPUT,并通过 digitalWrite 设置为 HIGH 时。输出引脚的值将被一个内在的 20 kΩ 上拉电阻控制在 HIGH 上,除非一个外部电路将其拉低到 LOW。digitalWrite 设置为 HIGH 时,引脚的电压应在 5 V。在这种状态下,它可以输出电流。例如,点亮通过一个电阻接地或设置为 LOW 的 OUTPUT 属性引脚的 LED 灯。

(2) LOW 的含义同样取决于引脚设置,引脚定义为 INPUT 或 OUTPUT 时含义有所不同。当一个引脚通过 pinMode 配置为 INPUT,并通过 digitalRead 设置为读取(read)时,如果当前引脚的电压小于等于 2 V,微控制器将返回为 LOW。当一个引脚通过 pinMode 配置为 OUTPUT,并通过 digitalWrite 设置为 LOW 时,引脚电压为 0 V。在这种状态下,它可以倒灌电流。例如,点亮一个通过串联电阻连接到 +5 V,或到另一个引脚配置为 OUTPUT、HIGH 的 LED 灯。

Arduino 引脚通过 pinMode()配置为输入(INPUT),是将其配置在一个高阻抗的状态(电阻很大,相当于开路状态)。配置为 INPUT 的引脚可以理解为引脚取样时对电路有极小的需求,即等效在引脚前串联一个 100 MΩ 的电阻。这使得它们非常有利于读取传感器,而不是为 LED 灯供电。

引脚通过 pinMode()配置为输出(OUTPUT)是将其配置在一个低阻抗的状态。这意味着它们可以为电路提供充足的电流。引脚可以向其他设备/电路提供正电流(positive current)或倒灌(提供负电流 negative current)达 40 mA 的电流。这有利于给 LED 灯供电,而不是读取传感器。输出(OUTPUT)引脚被直接短路接地可能会引起 5 V 电路受到损坏甚至烧毁。

Arduino UNO 板引脚在为继电器或电动机供电时,由于电流不足,将需要一些外接电路来实现供电。

注意:数字 13 号引脚一般不要作为数字输入(INPUT 模式与 digitalRead 读取)使用,因为大部分的控制板上使用了一个 LED 与一个电阻连接到此引脚。如果启动了内部的 20 kΩ 上拉电阻,它的电压将在 1.7 V 左右,而不是正常的 5 V,因为板载 LED 串联的电阻使其降了下来,这意味着它返回的值总是 LOW。如果必须使用数字 13 号引脚的输入模式,需要使用外部上拉或下拉电阻。

练习二:串口操作与 if…else 条件语句练习

条件语句必须紧接着一个问题表示式(expression),若这个表示式为真,紧连着表示式后的代码就会被执行。若这个表示式为假,则执行紧接着 else 之后的代码,只使用 if 不搭配 else 是被允许的。

程序范例：

```
int val;                          //定义变量 val
int ledpin = 13;                  //定义数字接口 13
void setup()
{
  Serial.begin(9600);             //设置波特率为 9 600 Baud,这里要跟软件设置相一致。
                                  //当接入特定设备(如蓝牙)时,也要跟其他设备的波特
                                  //率达到一致。
  pinMode(ledpin,OUTPUT);         //设置数字 13 口为输出接口,Arduino 上用到的 I/O 口
                                  //都要进行类似这样的定义。
}
void loop()
{
  if (Serial.available() > 0)     //判断串口缓冲器是否有数据装入
  {
    val = Serial.read();          //读取 PC 发送给 Arduino 的指令或字符,并将该指令或
                                  //字符赋给 val
    if(val == '1')                //判断接收到的指令或字符是否是"1"。
      {//如果接收到的是"1"字符
        digitalWrite(ledpin,HIGH);    //点亮数字 13 口 LED 灯
        Serial.println("light up !"); //显示开灯字符串
      }else{
        digitalWrite(ledpin,LOW);     //熄灭数字 13 口 LED 灯
        Serial.println("black out!"); //显示熄灯字符串
      }
  }
}
```

练习三：仿照练习二，完善 for 语句的完整运行程序，并能在串口连续输出 8 次的 "ciao" 信息，每次输出各占一行。

语句：for

说明：用来明定一段区域代码重复指行的次数。

范例：

for (int i = 0; i < 10; i++) { Serial.print("ciao"); }

练习四：仿照练习二，完善 switch case 语句的完整运行程序，并能通过串口输入合适的数据实现连接到引脚 12 和引脚 13 的 LED 灯出现亮灭的结果。要求按以下程序的实现意图，使用 Arduino 专用绘图软件画出面包板连接电路连接图，并依据图示连接好真实电路。

语句：switch case

说明：if 叙述是程序里的分叉路口，switch case 是更多选项的路口。swith case 根据变量值让程序有更多的选择，比起一串冗长的 if 叙述，使用 swith case 可使程序代码看起来比较简洁。

范例：

```
switch (sensorValue) {
case 23:
 digitalWrite(13,HIGH);
```

```
    break;
case 46:
    digitalWrite(12,HIGH);
    break;
default:     //以上条件都不符合时,预设执行的动作 digitalWrite(12,LOW); digitalWrite(13,LOW); }
```

2.2.3 Arduino 语言库文件

Arduino IDE 是 Arduino 单片机的编译器,其中丰富的库文件能大大减少编程者的工作量。

1. 官方库文件

- EEPROM：EEPROM 读写程序库。
- Ethernet：以太网控制器程序库。
- LiquidCrystal：LCD 控制程序库。
- Servo：舵机控制程序库。
- SoftwareSerial：任何数字 IO 口模拟串口程序库。
- Stepper：步进电动机控制程序库。
- Wire：TWI/I2C 总线程序库。
- Matrix：LED 矩阵控制程序库。
- Sprite：LED 矩阵图像处理控制程序库。

2. 非官方库文件

- DateTime-a library for keeping track of the current date and time in software.（用于跟踪软件中当前日期和时间的库）。
- Debounce-for reading noisy digital inputs（e.g. from buttons）用于读取嘈杂的数字输入（如按钮）。
- Firmata-for communicating with applications on the computer using a standard serial protocol. 用于在计算机上使用一个标准的串行协议与应用程序通信。
- GLCD-graphics routines for LCD based on the KS0108 or equivalent chipset. 图形程序液晶基于 KS0108 或同等芯片组。
- LCD-control LCDs（using 8 data lines）控制液晶显示器（使用 8 数据线）。
- LCD 4 Bit-control LCDs（using 4 data lines）
- LedControl-for controlling LED matrices or seven-segment displays with a MAX7221 or MAX7219.
- LedControl-an alternative to the Matrix library for driving multiple LEDs with Maxim chips.
- Messenger-for processing text-based messages from the computer. 从计算机信息处理文本。
- Metro-help you time actions at regular intervals. 定期帮助用户进行时间操作。
- MsTimer2-uses the timer 2 interrupt to trigger an action every N milliseconds. 使用定时器 2 中断触发每一个 N 毫秒的动作。

- OneWire-control devices (from Dallas Semiconductor) that use the One Wire protocol. 使用（从达拉斯半导体）单线协议的控制设备。
- PS2Keyboard-read characters from a PS2 keyboard. 从 PS2 键盘读汉字。
- Servo-provides software support for Servo motors on any pins. 为任何引脚上的伺服电动机提供软件支持。
- Servotimer1- provides hardware support for Servo motors on pins 9 and 10
- Simple Message System-send messages between Arduino and the computerArduino 系统与计算机之间的消息发送。
- TextString-handle strings
- TLC5940-16 channel 12 bit PWM controller.
- X10-Sending X10 signals over AC power lines

3. 添加库文件的办法

以上库文件都需要下载添加到 Arduino IDE 安装目录到编译环境（如下目录：C:\Program Files\Arduino\libraries\）中才能使用。

库文件一般以压缩包或者文件夹的形式发布的。文件夹的名字其实就是库文件的名字。在文件夹里面将会有一个.cpp 文件，.h 文件，还会有一个名字为 keywords 的.txt 文件，examples 文件夹，可能还会有其他必要的文件。

一旦熟悉了 Arduino 开发环境，可能需要添加其他的库文件到 Arduino Library 中，以满足设计需求。遇到 Arduino IDE 编译器自带的库中没有需要的库文件怎么办？一种办法是自己编辑；另一种办法是寻找他人已经编辑好的库文件加入编译器库中，然后重启 IDE 即可成功使用该库文件。

添加非官方库文件时，一般可采用直接将解压文件夹复制到 IDE 的 libraries 目录下即可完成，但有些库文件却会出现编译不能通过的现象。比如，定时器 TimerOne 库就会出错，这时，可采用将 TimerOne 解压文件夹添加到系统的办法解决，如图 2-2 所示。

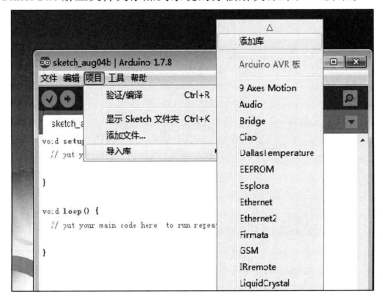

图 2-2 库文件添加步骤图

库文件添加步骤：项目|导入库|添加库，选择准备好的 TimerOne 解压文件夹（在教程\Android＋Arduino 交互设计\Android＋Arduino 交互设计环境支撑软件\Arduino 非官方库文件\下已经准备好）或 ZIP 压缩文件，单击"打开"选项。这时，在导入库右侧的库菜单中的最后就会出现 TimerOne 项。通过这样的步骤完成的库文件添加，♯include ＜TimerOne.h＞语句才能通过编译。

通过仔细查看会发现，经过导入库添加的库文件并不在 IDE 的 libraries 目录下，而是存在 Arduino 首选项定义的项目文件夹位置的 libraries 目录下。这说明一部分库文件可以在 IDE 下支持编译，而有些库文件只能在用户目录下支持编译。因此，应尽量使用导入库添加的库文件，而不要直接复制到 IDE 的 libraries 目录下。

第 3 章　多线程编程介绍

学习本章前,需要有一些 Java 和 Android 的编程基础。本章只对多线程编程做一些介绍,这是因为在 Android 实际开发中必须使用多线程,但在 Java 和 Android 学习的过程中,由于多线程较为复杂,却经常成为学习练习欠缺的部分。

3.1　多线程的概念

多线程(multithreading)是指从软件或者硬件上实现多个线程并发执行的技术。

在计算机编程中,一个基本的概念就是同时对多个任务加以控制。许多程序设计问题都要求程序能够停下正在执行的进程,改为处理其他一些更紧迫的进程,处理完然后再返回主进程。可以通过多种途径达到这个目的。最初,那些掌握机器低级语言的程序员编写一些"中断服务进程",主进程的暂停是通过硬件的中断来实现的。尽管这是一种有效的方法,但编出的程序很难移植,由此造成代价高昂的问题。中断对那些实时性很强的任务来说是很有必要的,但对于其他许多问题,只要求将问题划分进入独立运行的程序片段中,使整个程序能更迅速地响应用户的请求就可以了,因此,线程的概念出现了。

最初,线程只是用于分配单个处理器处理时间的一种工具。但假如操作系统本身支持多个处理器,那么每个线程都可分配给一个不同的处理器,真正进入"并行运算"的理想状态。从程序设计语言的角度看,多线程操作最有价值的特性之一就是程序员不必关心到底使用了多少个处理器。程序在逻辑意义上被分割为数个线程,假如机器本身安装了多个处理器,那么程序会运行得更快,无须做出任何特殊的安排。但是如果有多个线程同时运行,而且它们试图访问相同的资源,就会遇到冲突问题。举个例子来说,两个线程不能将信息同时发送给一台打印机。为解决这个问题,对那些可共享的资源来说(比如打印机),它们在使用期间必须进入锁定状态。所以一个线程可将资源锁定,在完成了它的任务后,再解开(释放)这个锁,使其他线程可以接着使用同样的资源。

多线程是为了同步完成多项任务,不是为了提高运行效率,而是为了提高资源使用效率来提高系统的效率。线程是在同一时间需要完成多项任务的时候实现的。

当然,在计算机系统中还有一个概念就是"进程",那么进程与线程有什么区别和联系呢?

(1) 进程概念

一般可以在同一时间内执行多个程序的操作系统都有进程的概念。一个进程就是一个执行中的程序,而每一个进程都有自己独立的一块内存空间、一组系统资源。在进程的概念中,每一个进程的内部数据和状态都是完全独立的。

（2）线程概念

多线程指的是在单个程序中可以同时运行多个不同的线程，执行不同的任务。多线程意味着一个程序的多行语句可以看上去几乎在同一时间内同时运行。

线程与进程相似，也是一段完成某个特定功能的代码，是程序中单个顺序的流控制。但与进程不同的是，同类的多个线程共享一块内存空间和一组系统资源，所以系统在各个线程之间切换时，资源占用要比进程小得多，正因如此，线程也被称为轻量级进程。一个进程中可以包含多个线程。主线程负责管理子线程，包括子线程的启动、挂起、停止等操作。

3.2　Java 多线程实例

在 Java 中可有两种方式实现多线程，一种是继承 Thread 类，另一种是实现 Runnable 接口；Thread 类是在 java.lang 包中定义的。一个类只要继承了 Thread 类同时覆写了本类中的 run()方法就可以实现多线程操作了，但是一个类只能继承一个父类，这是此方法的局限。

下面开始多线程交互运行实例的介绍与练习。

3.2.1　继承 Thread 类方法实现多线程实例

打开 eclipse，创建 Java 项目和类程序。通过"文件"|"新建"|"Java 项目"，打开如图 3-1 所示界面，并输入项目名：多线程实例。

图 3-1　eclipse 创建 Java 项目操作界面图

单击"完成"按钮。然后,在"多线程实例"项目下找到"src"目录,右击"新建"|"类",按如下界面操作,输入包名(org. bak)和类名称(ThreadDemo),如图 3-2 所示。

图 3-2 eclipse 创建 Java 类操作界面图

单击"完成"按钮后,在类程序编辑框中输入如下程序。

【程序实例 3-1】

```
package org.bac;                            //注意包名要与实际一致
import org.back.MyThread;
    //线程工作
    class MyThread extends Thread{
        private String name;
        public MyThread(String name){
            super();                        //调用父类 Thread 的构造函数
            this.name = name;
        }
        public void run(){
        for(int i = 0;i<10;i++){
        System.out.println("线程开始:" + this.name + ",i = " + i);
         try{
```

```
                Thread.sleep(1000);              //模拟耗时任务
            } catch (InterruptedException e) {
                // TODO 自动生成的 catch 块
                e.printStackTrace();
            }
        }
    }
}
//主程序
public class ThreadDemo {
    public static void main(String[] args){
        MyThread myThread1 = new MyThread("线程 a");
        MyThread myThread2 = new MyThread("线程 b");
        myThread1.run();
        myThread2.run();
    }
}
```

Java 的线程类是 java.lang.Thread 类。当生成一个 Thread 类的对象之后,一个新的线程就产生了。Java 中每个线程都是通过某个特定 Thread 对象的方法 run()来完成其操作的,方法 run( )称为线程体。

我们知道,Java 程序运行的入口程序是 main( )函数,在 main( )主函数中,可定义与启动线程的多个实例。

此时单击"运行"按钮,项目运行结果如图 3-3 所示。

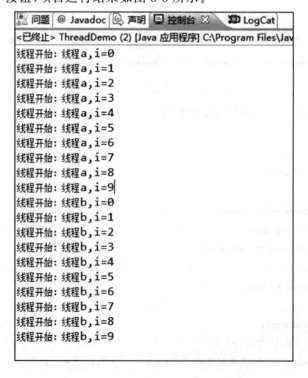

图 3-3 多线程项目 Thread 方法运行

此时结果很有规律,先第一个对象执行,然后第二个对象执行,并没有相互运行。如何让线程能够交互运行呢?此处,只需修改一下主程序中线程实例的启动方法就可以实现线程间交互运行。

```java
//主程序
public class ThreadDemo {
    public static void main(String[] args){
        MyThread myThread1 = new MyThread("线程 a");
        MyThread myThread2 = new MyThread("线程 b");
        myThread1.start();
        myThread2.start();
    }
}
```

这样程序可以正常完成交互式运行,这也是为何非要使用 start()方法启动多线程的缘故。可以看到,run()方法启动并没有开启新的线程,main 线程直接调用执行了 run()方法中的代码;start()方法会开启新的线程并在新的线程中执行 run()方法中的代码,而 run()方法不会开启线程。

有时建立 Java 项目后可能会看不到 bin 文件夹,此时选择 eclipse 的"窗口"|"显示视图"|"导航器",所有项目目录就可以显示出来。也就是在 eclipse 窗口的左边从"包资源管理"转到"导航器",这是很基础的,熟悉 eclipse 开发的用户自然清楚,但有时最基本的方法可能也会让人熟视无睹,出现一时找不到的情况。再练习一次即可熟悉。

3.2.2 Runnable 接口方法实现多线程实例

第二种方式,实现 Runnable 接口,并覆写接口中的 run()方法,Runnable 接口定义非常简单,就只有一个抽象的 run()方法。在实际开发中多线程的操作使用 Thread 类较少,而是通过 Runnable 接口完成的较多。

我们知道,extends 是继承类,implements 是实现接口。类只能继承一个,接口可以实现继承多个。其实现程序实例如下。

【程序实例 3-2】

```java
package org.bac;

class MyThread implements Runnable{
    private String name;
    public MyThread(String name) {
        this.name = name;
    }
    public void run(){
        for(int i = 0;i<10;i++){
            //Thread.currentThread().setName("线程" + i);
            System.out.println(this.name + ",当前线程:" + Thread.currentThread().getName() + "--i = " + i);
            try {
                Thread.sleep(1000);              //模拟耗时任务,如果没有等待显示效果会大不同
```

```
            } catch (InterruptedException e) {
                //TODO 自动生成的 catch 块
                e.printStackTrace();
            }
        }
    }
}

//主程序
public class ThreadDemo {
    public static void main(String[] args){
        MyThread mt1 = new MyThread("线程 a");
        MyThread mt2 = new MyThread("线程 b");
        //myThread1.start();                    //Thread 的 start()启动方法
        //myThread2.start();
        new Thread(mt1).start();                //Runnable 接口借助 Thread 的 start()启动方法
        new Thread(mt2).start();
    }
}
```

请自行查看运行结果。并可以修改等待时间或取消等待时间，修改输出提示，增加一个或多个线程等，练习查看不同情况下的不同结果。

3.2.3 两种实现方式的区别和联系实例说明

在程序开发中只要是多线程一般实现以 Runnable 接口为主，因为实现 Runnable 接口相比继承 Thread 类有以下优点：
- 避免点继承的局限，一个类可以继承多个接口；
- 适合于资源的共享。

以卖票程序为例进行说明和比较。有 10 张票，启动三个线程同时卖票。
(1) 通过 Thread 类完成，发现结果可能会卖出 30 张票。请看下面的程序。

【程序实例 3-3】

```
package org.bac;
//import org.back.MyThread;
//线程工作
class MyThread extends Thread{
    private int ticket = 10;
    private static int total = 1;
    public void run(){
        for(int i = 0;i<20;i++){
            if(this.ticket>0){
                System.out.println("卖票;ticket" + this.ticket--);
                //System.out.println("卖票总数:" + total++);
            }}        }    }
```

```java
//主程序
public class ThreadDemo {
    public static void main(String[] args){
        MyThread mt1 = new MyThread();
        MyThread mt2 = new MyThread();
        MyThread mt3 = new MyThread();
        mt1.start();                    //每个线程都各卖了 10 张,共卖了 30 张票
        mt2.start();                    //但实际只有 10 张票,每个线程都卖自己的票
        mt3.start();                    //没有达到资源共享
    }
}
```

请自行在控制台查看运行结果,会有 30 个输出结果。如果要在程序中显示卖票总数还需要 Handler 机制才能完成,在后面有详细的介绍。

(2) 用 Runnable 就可以实现资源共享。请看下面的程序。

【程序实例 3-4】

```java
package org.bac;
//import org.back.MyThread;
//线程工作
class MyThread implements Runnable{
    private int ticket = 10;
    private static int total = 1;
    public void run(){
    for(int i = 0;i<20;i++){
        if(this.ticket>0){
            System.out.println("卖票:ticket" + this.ticket--);
            //System.out.println("卖票总数:" + total++);
        }}      }       };
//主程序
public class ThreadDemo {
    public static void main(String[] args){
        MyThread mt = new MyThread();
        new Thread(mt).start();         //在 Thread 中不可以启动同一个 mt,如果用同一个实例
                                        // 化对象 mt,就会出现异常
        new Thread(mt).start();//
        new Thread(mt).start();         //通过 Runnable 接口启动同一个 mt,达到了资源共享
    }
};
```

运行结果如图 3-4 所示。

虽然现在程序中有三个线程,但是一共卖了 10 张票,也就是说使用 Runnable 实现多线程可以达到资源共享目的。即使启动再多的线程,也只能卖出 10 张票。可以通过取消显示卖票总数的语句的注释。

//System.out.println("卖票总数:" + total++);

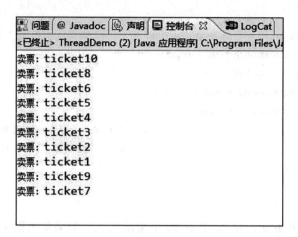

图 3-4 多线程卖票项目 Runnable 方法运行

之后,再次查看多线程卖票项目 Runnable 方法运行结果,会在图 3-4 基础上增加显示卖票总数的结果显示。

事实上,通过查看 Thread 源码可以发现,Runnable 接口和 Thread 之间的联系:

```
public class Thread extends Object implements Runnable
```

从中可以发现 Thread 类也是 Runnable 接口的子类。

思考与练习:假设希望显示卖出的总票数,可否使用一个全局变量在线程之间传递数据信息,经过实验,答案是否定的。那么,线程之间又是如何传递数据的,请注意看后面章节的相关内容。

(3) 两种方式的比较

① 采用继承 Thread 类方式。

优点:编写简单,如果需要访问当前线程,无须使用 Thread.currentThread()方法,直接使用 this,即可获得当前线程。

缺点:因为线程类已经继承了 Thread 类,所以不能再继承其他的父类。

② 采用实现 Runnable 接口方式。

优点:线程类只是实现了 Runable 接口,还可以继承其他的类。在这种方式下,可以多个线程共享同一个目标对象,所以非常适合多个相同线程来处理同一份资源的情况,从而可以将 CPU 代码和数据分开,形成清晰的模型,较好地体现了面向对象的思想。

缺点:编程稍微复杂,如果需要访问当前线程,必须使用 Thread.currentThread()方法。

3.3　Android 多线程编程

我们知道,Android 的核心是 Java,Android 编程的基础是 Java 编程,因此,Java 多线程编程完全可以应用到 Android 编程之中。

在使用 Android 多线程之前,先探讨两个问题,Android 为什么需要多线程机制?什么时候需要到多线程?

(1) Android 需要多线程除去前面描述的 Java 资源共享的要求之外,其本质就是异步处理,直观一点说就是不要让用户感觉到"很卡"。因为 Android 官方明确声明在多线程编程时有两大原则:第一、不要阻塞 UI 线程(即主线程,下文两个称呼可互换);第二、不要在 UI 线程之外访问 UI 组件。

Android 多线程实现方式与 Java 相同,即 implements Runnable 或 extendsThread。

多线程核心机制是 Handler,Handler 是线程之间通信的桥梁。下面会通过具体实例详细解释。

(2)多线程的使用情况基本可归结为主要的两种情况:第一、将任务从主线程(或称为"UI 线程",以下统称"主线程")抛到(或称为"交到",以下统称"抛到")工作线程(或称为"非 UI 线程"或"子线程",以下统称"工作线程"),第二种情况是将任务从工作线程(子线程)抛到主线程。这两种情况其实跟上面 Android 官方两个原则是对应的。当有耗时的任务时,如果在 UI 线程中执行,那就会阻塞 UI 线程了,必须要抛到工作线程中去执行;而当要更新 UI 组件时,就一定得在 UI 线程里执行,所以就得把在工作线程中执行的任务结果返回到 UI 线程中去更新组件。

3.3.1 将任务从工作线程抛到主线程实例分析

新建 Android 项目,如下默认完成即可,如图 3-5 所示。

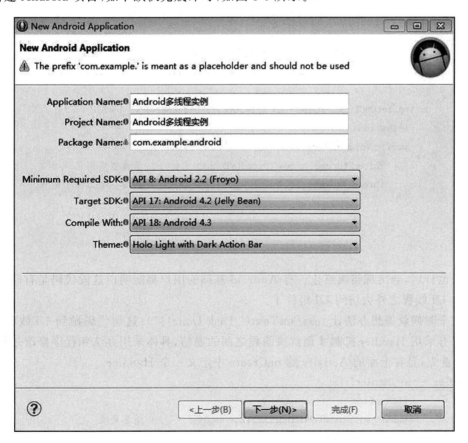

图 3-5 新建"Android 多线程实例"项目

在项目的 activity_main.xml 布局上只定义一个 Button 和 TextView,Button,分别命名为 button 和 text,编写一个错误的线程处理程序(MainActivity.java)。

【程序实例 3-5】
```java
public class MainActivity extends Activity {
    private Button button;
    private TextView text;
    private Runnable mRunnable;
    @Override
    protected void onCreate(Bundle savedInstanceState) {
        super.onCreate(savedInstanceState);
        setContentView(R.layout.activity_main);
        button = (Button) findViewById(R.id.button);
        text = (TextView) findViewById(R.id.text);   //耗时任务完成时在该 TextView 上显示文本
        mRunnable = new Runnable() {                 //定义一个工作子线程
            @Override
            public void run() {
                try {
                    Thread.sleep(5000);              //模拟耗时任务
                } catch (InterruptedException e) {
                    e.printStackTrace();
                }
                text.setText("Task Done!!");         //在非 UI 线程之外去访问 UI 组件
            }
        }
        button.setOnClickListener(new View.OnClickListener() {
            @Override
            public void onClick(View v) {
                Thread thread = new Thread(mRunnable);  //子线程实例化
                thread.start();                         //启动一个工作子线程
            }
        }
    }
}
```

程序运行后,会出现错误终止。有 Android 基础的用户都能明白这段代码是有问题的,因为它在非 UI 线程之外去访问 UI 组件了。

那这个时候就得想办法让 text.setText("Task Done!!");这句代码抛到 UI 线程中去执行了。只有采用 Handler 机制才能解决线程之间的通信,具体采用办法和程序修改过程如下。

(1) 首先,是在上面的 Activity 的 onCreate 中定义一个 Handler。

```java
mHandler = new Handler(){
    @Override
    public void handleMessage(Message msg){          //消息处理
        if(msg.what == 0){
            text.setText("Task Done(完成任务了)!!");
        }
    }
};
```

(2) 然后,将修改工作线程的代码。
```
mRunnable = new Runnable() {
            @Override
            public void run() {
                try {
                    Thread.sleep(5000);                    //模拟耗时任务
                } catch (InterruptedException c) {
                    e.printStackTrace();
                }
                //text.setText("Task Done!!");              //在非 UI 线程之外去访问 UI 组件
                Message msg = new Message();
                msg.what = 0;
                mHandler.sendMessage(msg);                 //Handler 是通过 Message 实现的
            }
        }
```
(3) 注意,要在程序之前合适的位置,增加对 mHandler 的预先定义:
`private Handler mHandler;`

这样程序运行起来后就不会报错了。至此,从非 UI 子线程修改 UI 主线程的控件显示过程就可以完全实现了。即使有再多的子线程要显示不同的消息,只需在子线程中定义不同的 msg.what 值,在主 UI 线程中对 msg.what 值做出不同值的 switch 判断即可。

关于 Handler.sendXXXMessage() 发消息的方法有很多,比如 sendEmptyMessage(Message msg)、sendMessageDelayed(Message msg, long delayMills) 等等,可按具体需求选择,这里不作扩展。

Handler 传递消息的实现方式除了上面详细介绍的 Handler.sendXXXMessage() 方式之外,还有 Handler.post(Runnable)、Activity.runOnUIThread(Runnable)、View.post(Runnable)、AsyncTask,使用哪一种编程,大多数情况下还是根据代码风格和习惯来决定,这几种方法具体在效率上是否有巨大差异,请有兴趣的同学做深入研究,进行比较。

3.3.2 Android 的 Handler 机制

1. Handler 机制实现分析

多线程核心机制是 Handler。Handler 机制主要是接收子线程发送的数据,并用此数据配合主线程更新 UI。接收子线程传送的数据要在 UI 上显示就需要 Handler 定义。

当应用程序启动时,Android 首先会开启一个主线程(也就是 UI 线程),主线程为管理界面中的 UI 控件,进行事件分发,比如前一节的实验,如果单击一个 Button,Android 会分发事件到 Button 上,来响应用户的操作。如果此时需要一个耗时的操作,例如:联网读取数据或者读取本地较大的一个文件的时候(在实验中用等待函数模拟),不能把这些操作放在主线程中,如果放在主线程中的话,界面会出现假死现象,如果 5 秒还没有完成的话,会收到 Android 系统的一个错误提示"强制关闭"。

这个时候需要把这些耗时的操作,放在一个子线程中,因子线程涉及 UI 更新,Android 子线程是不安全的,也就是说,更新 UI 只能在主线程中更新,子线程中操作是危险的。这个时候,Handler 就出现了,来解决这个复杂的问题,由于 Handler 运行在主线程中(UI 线程中),

它与子线程可以通过 Message 对象来传递数据,这个时候,Handler 就承担着接收子线程传过来的对象(子线程用 sendMessage()方法传递 Message 对象,里面包含数据),把这些消息放入主线程队列中,配合主线程进行更新 UI。

2. Android 线程中几个概念分析

Android 中的线程,包括:Handler、Looper、Message、MessageQueue 和 HandlerThread(后面单独介绍)等概念。

Handler:Handler 在 Android 里负责发送和处理消息,通过它可以实现其他线程与 Main 线程之间的消息通信。

Looper:Looper 负责管理线程的消息队列和消息循环。

Message:Message 是线程间通信的消息载体。两个码头之间运输货物,如果说 Handler 是运输机器,Message 充当集装箱的功能,里面可以存放任何想要传递的消息。

MessageQueue:MessageQueue 是消息队列,先进先出,它的作用是保存有待线程处理的消息。

这四者之间的关系是,在子线程中调用 Handler. sendMsg()方法(参数是 Message 对象),将需要主线程处理的事件添加到主线程的 MessageQueue 中,主线程通过 MainLooper 从消息队列中取出 Handler 发过来的这个消息时,会回调 Handler 的 handlerMessage()方法。

一个线程只有一个 Looper,而一个 Looper 持有一个 MessageQueue,当调用 Looper. prepare()时,Looper 就与当前线程关联起来了(在 Activity 里没有显示调用 Looper. prepare()是因为系统自动在主线程里帮着调用了),而 Handler 是与 Looper 的线程绑定的,查看 Handler 类的源码可以发现它几个构造函数,其中有接收 Looper 参数的,也有不接收 Looper 参数的,从上面的代码上看,没有为 Handler 指定 Looper,那么 Handler 就默认与当前线程(即主线程)的 Looper 关联起来了。再梳理一下,Looper. prepare 调用决定了 Looper 与哪个线程关联,间接决定了与这个 Looper 相关联的 Handler. handlerMessage(msg)方法体里的代码执行的线程。

总结上一节的代码,Handler 是在主线程里的定义的,所以也默认跟主线程的 Looper 相关联,即 handlerMessage 方法的代码会在 UI 线程执行,因此更新 TextView 就不会报错了。

创建一个 Handler 时一定要关联一个 Looper 实例,默认构造方法 Handler(),它是关联当前 Thread 的 Looper。在 Activity 创建时,UI 线程已经创建了 Looper 对象。在 Handler 机制中 Looper 是最为核心的,它一直处于循环读 MessageQueue,有要处理的 Message,就将 Message 发送给当前的 Handler 实例来处理。

3. Handle 机制的一般用例过程

(1)创建 handle 实例
new handle();
(2)发送信息载体(Message)
sendMessage(msg);
(3)处理消息
handleMessage(Message msg){};

3.3.3 将任务从主线程抛到工作线程实例分析

我们已经明白,耗时任务不能在主线程去进行,需要另外开一个线程。传统的解决方法有

Thread 和 Runnable 两种方式。学过 Java 基础的人都知道的,无非就是继承 Thread 类覆写 run()然后通过 thread.start(),或者实现 Runnable 接口复写 run()然后 New Thread (Runnable).start()。在上面的例子中就是通过这种最普通的方法去开新线程的,不过在实际开发中,这种开新线程的方法是很不被推荐的,理由如下:①当有多个耗时任务时就会开多个新线程,开启新线程的以及调度多个线程的开销是非常大的,这往往会带来严重的性能问题,例如,有 100 个耗时任务,那就开 100 个线程。②如果在线程中执行循环任务,只能通过一个 Flag 来控制它的停止,如 while(!iscancel){//耗时任务}。对于较多的线程而言,都是不可取的。

为避免重复开线程,利用一次启动和 HandlerThread 就会很好地解决这个问题。

(1) 在 onCreate 中一次性定义启动线程实例。

【程序实例 3-6】

```
protected void onCreate(Bundle savedInstanceState) {
    super.onCreate(savedInstanceState);
    setContentView(R.layout.activity_main);
    button = (Button) findViewById(R.id.button);
    text = (TextView) findViewById(R.id.text);    //耗时任务完成时在该 TextView 上显示文本
    button.setOnClickListener(new View.OnClickListener() {
        @Override
        public void onClick(View v) {
            mOtherHandler.sendEmptyMessage(0x124);        //在主线程中启用子线程
        }
    });
    new Thread(new Runnable() {
        @Override
        public void run() {
            Looper.prepare();                    //在新线程中调用
            mOtherHandler = new Handler() {      //默认关联新线程的 Looper
                @Override
                public void handleMessage(Message msg) {
                    if (msg.what == 0x124) {
                        try {
                            Log.d("HandlerThread", Thread.currentThread().getName());
                                                //打印线程名
                            Thread.sleep(5000);//模拟耗时逻辑
                        } catch (InterruptedException e) {
                            e.printStackTrace();
                        }
                    }
                }
            };
            Looper.loop();
        }
    }).start();
}
```

如果以非常快的速度连续单击两次 Button,会发现打印出来的两条 Log 是以间隔 5 秒相继出现的。通过设置合适的 LogCat 保存过滤器(Saved Filters),运行结果如图 3-6 所示。

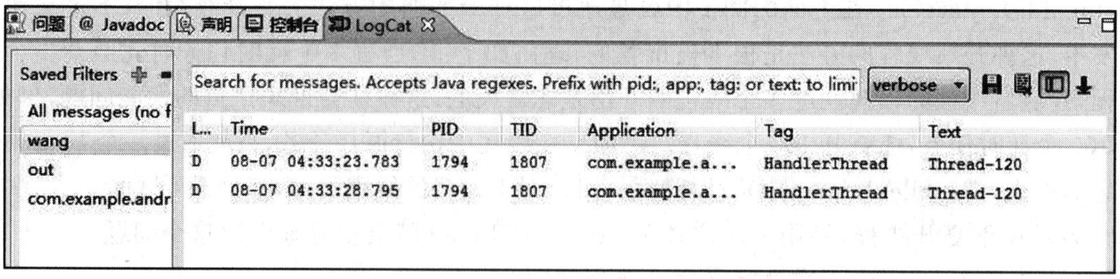

图 3-6　一次性定义启动线程实验结果

通过 Text 输出栏新线程名称是相同的,即只启动了一个子线程,可以做多次结果输出。这对应与处理的结果是相同的情况时就可以不必启动更多的线程了,节省资源。

这是因为每点一次按钮并没有开启一个新线程,而只是发送了一条消息,在 onCreate() 里就已经把一个新线程开好了,然后调用 Looper.loop() 使这个线程一直处于循环状态,而每发一条消息,消息都会在 MessageQueue 里排队。总而言之,不管单击多少次按钮,都只有一个工作线程,多个耗时任务在这个工作线程的队列中排队处理。思路如图 3-7 所示。

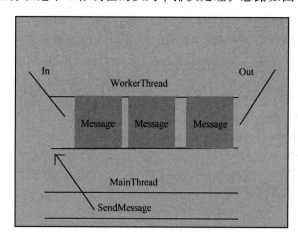

图 3-7　MessageQueue 示意图

这里用的是传统方法开启新线程的,但是在新线程里初始化了 Looper(因为不是在主线程,所以要自己调用 Looper.prepare() 和 loop()),还定义了一个 Handler,这个 Handler 的 handlerMessage(msg) 方法体的代码是在新线程(工作线程)中执行的,而不是在主线程中执行(见前面的内容描述),所以只需要在 Button 的单击事件中调用 sendXXXMessage 就可以让耗时任务在新线程中执行了。

(2) 使用 HandlerThread 实例。

使用下面的代码替代上面程序实例 3-6 中子线程部分代码。

【程序实例 3-7】
```
handlerThread = new HandlerThread("MyNewThread");//自定义线程名称
        handlerThread.start();
        mOtherHandler = new Handler(handlerThread.getLooper()){
            @Override
```

```
public void handleMessage(Message msg){
    if (msg.what == 0x124){
        try {
            Log.d("HandlerThread", Thread.currentThread().getName());
            Thread.sleep(5000);         //模拟耗时任务
        } catch (InterruptedException e) {
            e.printStackTrace();
        }
    }
}
```

如果以非常快的速度连续单击两次 Button，执行结果效果与程序实例 3-6 是一致的，只是新线程名称发生了变化而已，这也是程序重新定义过的，图 3-6 的效果 Text 显示的是新线程的默认名称。图 3-8 显示的是新线程自定义名称。

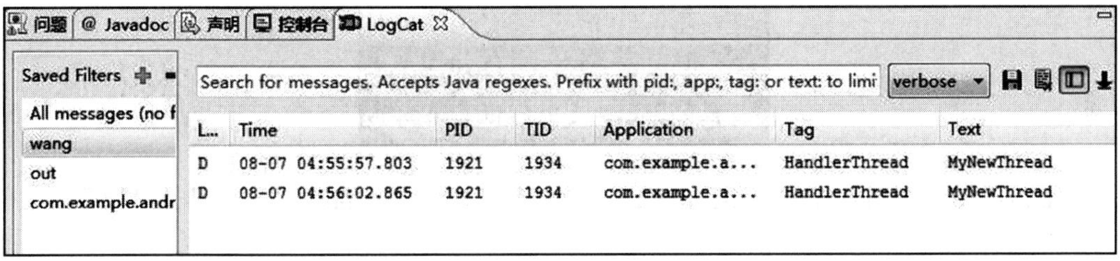

图 3-8　HandlerThread 实例输出效果

这段代码跟前面那一段代码是完全等价的，HandlerThread 的好处是代码看起来没前面的版本那么乱，相对简洁一点。还有一个好处就是能够通过 handlerThread.quit() 或者 quitSafely() 使线程结束自己的生命周期。

（3）执行完耗时任务后如何更新 UI 组件实例。

完全照着面前所说的将任务从工作线程抛到主线程的几种方法去做就可以了。在完成的程序实例 3-7 中 Activity 的 onCreate 中定义一个 Handle。

【程序实例 3-8】

```
mHandler = new Handler(){
    @Override
    public void handleMessage(Message msg){
        if(msg.what == 0x123){
            text.setText("单击次数:" + i);
        }
    }
}
```

修改子线程部分，如下（增加加重两条语句即可）。

```
handlerThread = new HandlerThread("MyNewThread");        //自定义线程名称
handlerThread.start();
mOtherHandler = new Handler(handlerThread.getLooper()){
    @Override
```

```
                public void handleMessage(Message msg){
    if (msg.what == 0x124){
                    try {
                        Log.d("HandlerThread", Thread.currentThread().getName());
    i++;
                        mHandler.sendEmptyMessage(0x123);
                        Thread.sleep(5000);             //模拟耗时任务
                    } catch (InterruptedException e) {
                        e.printStackTrace();
                    }
                }
            }
        }
```

连续单击 5 次,等待 20 秒后,结果如图 3-9 所示。

图 3-9 模拟器结果

深入练习:

(1) 请使用 Handler,将本章程序实例 3-3 Java 程序修改之后,能够显示各线程合计卖票的总票数;

(2) 请自行复习 Android 中的 Bundle 的使用方法。

3.3.4 线程池

多线程技术主要解决处理器单元内多个线程执行的问题,它可以显著减少处理器单元的闲置时间,增加处理器单元的吞吐能力。

线程池是一种多线程处理形式,处理过程中将任务添加到队列,然后在创建线程后自动启动这些任务。线程池线程都是后台线程。应用程序可以有多个线程,这些线程在休眠状态中需要耗费大量时间来等待事件发生。其他线程可能进入睡眠状态,并且仅定期被唤醒以轮询更改或更新状态信息,然后再次进入休眠状态。为了简化对这些线程的管理,Java 为每个进程提供了一个线程池,一个线程池有若干个等待操作状态,当一个等待操作完成时,线程池中的辅助线程会执行回调函数。线程池中的线程由系统管理,程序员不需要费力于线程管理,可以集中精力处理应用程序任务。

假设一个服务器完成一项任务所需时间:T_1 为创建线程时间,T_2 为在线程中执行任务的时间,T_3 为销毁线程时间。如果:T_1+T_3 远大于 T_2,则可以采用线程池,以提高服务器性能,一个线程池包括以下四个基本组成部分。

(1) 线程池管理器(ThreadPool):用于创建并管理线程池,包括创建线程池、销毁线程池、添加新任务。

(2) 工作线程(PoolWorker):线程池中的线程,在没有任务时处于等待状态,可以循环地执行任务。

(3) 任务接口(Task):每个任务必须实现接口,以供工作线程调度任务的执行,它主要规定了任务的入口、任务执行完后的收尾工作、任务的执行状态等。

(4) 任务队列(taskQueue):用于存放没有处理的任务。提供一种缓冲机制。

线程池技术正是关注如何缩短或调整 T_1、T_3 时间的技术,从而提高服务器程序的性能的。它把 T_1、T_3 分别安排在服务器程序的启动和结束的时间段或者一些空闲的时间段,这样在服务器程序处理客户请求时,就不会有 T_1、T_3 的开销了。

线程池不仅调整 T_1、T_3 产生的时间段,而且它还显著减少了创建线程的数目。

代码实现中并没有实现任务接口,而是把 Runnable 对象加入线程池管理器(ThreadPool),然后剩下的事情就由线程池管理器(ThreadPool)来完成了。

Java 通过 Executors 提供四种线程池,分别为

newCachedThreadPool 创建一个可缓存线程池,如果线程池长度超过处理需要,可灵活回收空闲线程,若无可回收,则新建线程。

newFixedThreadPool 创建一个定长线程池,可控制线程最大并发数,超出的线程会在队列中等待。

newScheduledThreadPool 创建一个定长线程池,支持定时及周期性任务执行。

newSingleThreadExecutor 创建一个单线程化的线程池,它只会用唯一的工作线程来执行任务,保证所有任务按照指定顺序(FIFO、LIFO、优先级)执行。

这里仅介绍第一种线程池的使用方式。

newCachedThreadPool

创建一个可缓存线程池,如果线程池长度超过处理需要,可灵活回收空闲线程,若无可回收,则新建线程。示例代码如下:

Java 代码

```java
package test;
import java.util.concurrent.ExecutorService;
import java.util.concurrent.Executors;
public class ThreadPoolExecutorTest {
 public static void main(String[] args) {
  ExecutorService cachedThreadPool = Executors.newCachedThreadPool();
  for (int i = 0; i < 10; i++) {
   final int index = i;
   try {
    Thread.sleep(index * 1000);
   } catch (InterruptedException e) {
    e.printStackTrace();
```

```
    }
    cachedThreadPool.execute(new Runnable() {
      public void run() {
        System.out.println(index);
      }
    });
   }
  }
 }
```

  线程池为无限大,当执行第二个任务时第一个任务已经完成,会复用执行第一个任务的线程,而不用每次新建线程。

  在本教程中所有蓝牙 Socket 通信建立蓝牙服务器由于其唯一相对性连接,故没有必要使用线程池;而在网络通信 Socket 连接中,在建立服务器连接时将使用线程池工具,其建立程序与上面的示例代码极其相似,可在以后的相关设计中对照阅读。

第 4 章　Android 蓝牙助手控制点亮 LED 灯

通过 Android 手机的蓝牙通信功能控制 Arduino 实现点亮或熄灭 LED 灯的实验设计,是一个 Android＋Arduino 交互设计的过程。因此,本章的学习需要掌握 Arduino 控制 LED 灯的设计与实现,蓝牙设置和 Android 蓝牙通信与相应的多线程编程。这是一个很小的实验,却是一个复杂的多门知识的集合。为了完成这个实验以及以后相应的实验,需要首先学会蓝牙设置,只有相应参数一致的蓝牙才能配对通信。

通过本章的项目练习,可将 LED 灯的 Arduino 控制部分容易地移植到智能小车的左右灯转向指示上,可在智能小车控制设计中自行拓展完成。

4.1　蓝牙设置

对蓝牙设置首先要把蓝牙连接到计算机,计算机才能实现对蓝牙的命令操作。蓝牙连接计算机的方式,依据现有的设备可采用两种方式:通过 Arduino 连接蓝牙和通过 USB 转 TTL 串口模块连接蓝牙。

4.1.1　通过 USB 转 TTL 串口模块连接蓝牙设置蓝牙参数

(1) 将蓝牙 HC-06 与 USB 转 TTL PL2303(或其他芯片)模块通过杜邦线连接,注意 TXD 和 RXD 互相对接如图 4-1 所示。

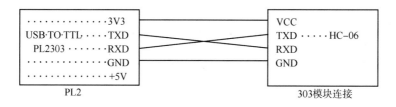

图 4-1　蓝牙 HC-06 与 USB 转 TTL

蓝牙 HC-06 与 PL2303 模块实物连线图如图 4-2 所示。

如果购买的 PL2303 转接线如图 4-3 所示,不能看到各针的标记,可通过线的颜色分辨和连接,具体连接方法是:

绿色线接蓝牙的 RX 针;

白色线接蓝牙的 TX 针;

红色线接蓝牙的 5 V 针;

黑色线接蓝牙的 GND 针。

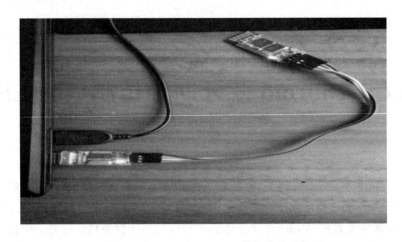

图 4-2　蓝牙 HC-06 与 PL2303 模块实物连接图

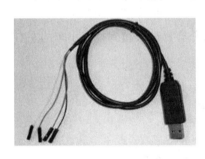

图 4-3　PL2303 转接线

PL2303 与 HC-06 连接好之后，将 PL2303 插入计算机的 USB 口中，注意：除了 PL2303 串口转换模块之外，还有其他如 CH340 等模块的 USB 转 TTL 串口方式，一定要安装相应的驱动程序才能连接成功，其驱动程序可向厂家索要，购买相应模块一定谨记向商家索要相应的驱动软件。

（2）利用串口调试助手等工具（串口工具有很多，其中任何一款均可使用）进行 AT 指令测试，并将 HC-06 的波特率设置为 9 600 Baud。串口号要在插入 USB 转串口模块后到设备管理器的端口上查找，与 Arduino 端口查找方法相同，如图 4-4 所示。

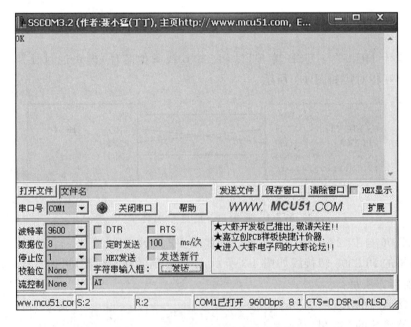

图 4-4　启动 PC 串口调试助手软件

HC-06 进入 AT 指令的方法:给模块上电,不配对的情况(也就是指示灯一直快速闪烁的时候),就是 AT 模式了,即命令状态。指令间隔 1 s 左右。

HC-05 进入 AT 模式的方法则是先按住蓝牙模块上面那个小的按钮开关,然后,再将 USB 转 TTL 串口接到 PC 上(上电),可进入 AT 模式,此时小灯慢闪(间隔 1 s)。改为 BT 模式时,拔下来,重新上电就进入 BT 模式(小灯快闪)。

出厂默认参数:波特率为 9 600 Baud,N81(无校验位、8 位数据、1 位停止),名字 HC-05 (或 HC-06),密码 1234。

注意:如果 AT 指令发送后没有反应。
- 可能是周围存在干扰,目前不确定;
- 已经进行了配对,此时 AT 指令无效;
- USB 转串口存在不确定的因素;
- 对于 HC-05 使用 sscom3.2 要在图 4-4 中勾选"发送新行"选项,且选波特率为 38 400 Baud。

1) 测试通信

发送:AT(返回 OK,一秒左右发一次)。

返回:OK。

如果没有图 4-4 所示的 OK 出现,则有可能是要在 AT 指令后面加回车符,才可以识别,所以此时要在发送的 AT 指令后面,加上回车符。用 SSCOM/XCOM 串口调试助手,则勾选发送新行即不需要再加回车符了(本人实验用的 HC-06 蓝牙模块没有要求回车符,勾选发送新行后反而没有 OK 反应,不能勾选"发送新行"项,如图 4-4 所示)。

2) 改蓝牙串口通信波特率

① HC-06 的波特率设置方法如下。

发送:AT+BAUD1。

返回:OK1200。

发送:AT+BAUD2。

返回:OK2400。

……

1---------1200

2---------2400

3---------4800

4---------9600(默认就是这个设置)

5---------19200

6---------38400

7---------57600

8---------115200

② HC-05 与 HC-06 波特率设置有些不同,其命令格式为

AT + UART?

AT + UART = <Param1>,<Param2>,<Param2>

Param1 是波特率(具体波特率的数值);如上。

Param2 是停止位:0～1 位;1～2 位。

Param3 是校验位:0——无校验;1——Odd 校验;2——Even 校验。

默认设置:AT+UART=9600,0,0

注意:其他参数均可以重新设置,但在设置其他参数之前一定要预先知道蓝牙的波特率,因此,对波特率的设置一定要谨慎。本教程规定,在做实验时,蓝牙波特率只能设为 2 400 Baud 或出厂时的默认 9 600 Baud,请不要设为其他数据,以免其他同学无法接手。

3) 改蓝牙配对密码发送:AT+PINxxxx

返回:OKsetpin。

参数 xxxx:所要设置的配对密码,4 个字节,此命令可用于从机或主机。从机是适配器或手机弹出要求输入配对密码窗口时,手工输入此参数就可以连接从机。主蓝牙模块搜索从机后,如果密码正确,则会自动配对,主模块除了可以连接配对从模块外,其他产品包含从模块的时候也可以连接配对,比如含蓝牙的数码相机、蓝牙 GPS、蓝牙串口打印机等,特别地,蓝牙 GPS 为典型例子。

例:发送:AT+PIN8888,返回:OKsetpin。

这时蓝牙配对密码改为 8888,模块在出厂时的默认配对密码是 1234。

4) 更改模块主从

AT + ROLE = M　　　　　　//设置为主

　　//返回 OK + ROLE:M//

AT + ROLE = S　　　　　　//设置为从

　　//返回 OK + ROLE:S

注意:手机第一次连接一个外部蓝牙模块时,先进入蓝牙设置进行配对,输入对方蓝牙密码才可以使用。只需一次配对就可以。

本教程实验需要的设置为:用手机连接蓝牙 Arduino 系统,要把 Arduino 上的蓝牙设为从机,那么,手机蓝牙是主机角色。

5) 改蓝牙名称

HC-06 发送:AT+NAMEname。

HC-05 发送:AT+NAME=name。

返回:OKname。

参数可以掉电保存,只需修改一次。PDA 端(手机端蓝牙助手)刷新服务可以看到更改后的蓝牙名称。

特别提示

① 用 AT 命令设好所有参数后,下次上电使用不需再设,可以掉电保存相应参数。

② 本实验为了与单片机通信程序一致,故应将蓝牙的波特率设置为 2 400 Baud。

发送:AT+BAUD2,返回:OK2400。

为了验证修改是否成功,可以在图 4-4 中下拉波特率按钮,选择 2 400 Baud,在发送框填写大写的"AT",单击"发送"按钮,模块返回"OK",则说明当前波特率为 2 400 Baud。

③ 蓝牙命令模式的功能是有限的,很多功能命令也不统一,故有些命令并不能通用,比如恢复出厂参数、查询波特率、查询地址等都不尽如人意。

4.1.2　通过 Arduino 连接蓝牙设置蓝牙参数

现在已经有了 Arduino 控制器板,Arduino 本身具备 USB 转串口的功能,那么就可以利用 Arduino 替代 USB 转串口模块,实现蓝牙参数的设置。

在通过 Arduino 连接蓝牙设置蓝牙参数时,必须要明白 Arduino 所带的 USB 数据下载线连接的端口(Arduino 串口)实际是 Arduino 控制器的 RXD(数据位发送)和 TXD(数据位接收),如图 4-1 所示,分别对应数据位第 0 针(pin0)和第 1 针(pin1)。这也是 Arduino 的串口。

利用 Arduino 的串口第 0 针(pin0,RXD)和第 1 针(pin1,TXD)连接蓝牙,直接就可以实现 Arduino 蓝牙串口。这样,对于理解蓝牙串口也是对直观的,Arduino 的串口与蓝牙模块只要做 RXD《=》TXD 的互联,就实现了 Arduino 蓝牙串口的功能。但这样互联,由于蓝牙串口占用了原有 Arduino 的串口,会直接影响 Arduino 数据下载烧写,烧写与蓝牙串口在同时间内只能有一个可以使用,不能同时连线,只要同时连线,就不能正常工作。因此,建立软串口连接蓝牙就很有必要。

Arduino 控制器的串口已经占有了第 0 针和第 1 针,负责数据下载等,那么就需要再开辟一个新的串口,连接蓝牙模块。Arduino 库中有一个 SoftwareSerial 符合这样的要求,就利用软串口的概念实现通过 Arduino 连接蓝牙设置蓝牙参数的目标。

(1) 蓝牙连接 Arduino 电路设计

下面将设 Arduino 控制器的第 10 针为 RXD,设第 11 针为 TXD;电源 VCC 的典型值为 3.3 V,其设计如图 4-5 所示。

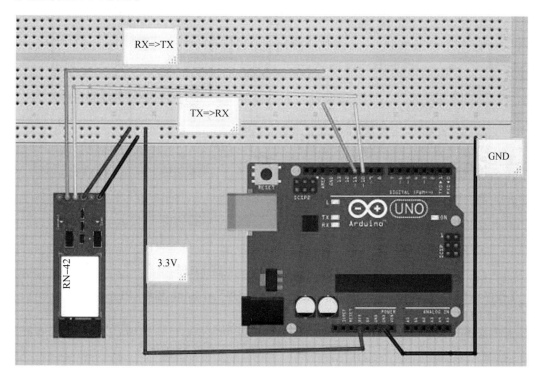

图 4-5　蓝牙连接 Arduino 电路设计图

其原理图如图 4-6 所示。

(2) Arduino 软串口程序设计

第 0 针与第 1 针依旧作为 Arduino 串口,新设第 10 针与第 11 针作为一个新的软串口。相应程序如下。

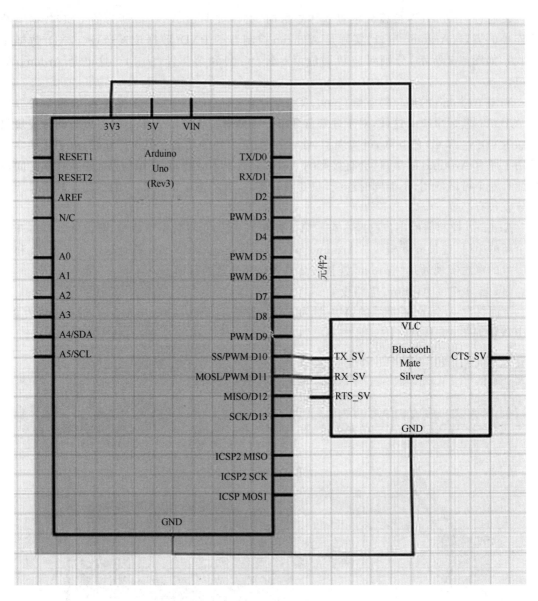

图 4-6 蓝牙连接 Arduino 电路原理图

【程序实例 4-1(\Android＋Arduino 交互设计\程序\Arduino 程序\PE4-1)】

```
#include <SoftwareSerial.h>
SoftwareSerial BT(10, 11);           //设第 10 针为 RXD,设第 11 针为 TXD;定义软串口名为 BT
char val;
void setup() {
  // put your setup code here, to run once:
  Serial.begin(2400);                //注意此波特率要与蓝牙的波特率相同
  BT.begin(2400);
//Serial.println("wangcd");
  BT.print("1234");
}
```

```
void loop() {
  // put your main code here, to run repeatedly:
  if(Serial.available()) {            //Arduino 原串口(0pin,1pin)输出有变化
    val = Serial.read();               //读串口数据
    BT.print(val);                     //将串口数据写到软串口 BT
  }
  if(BT.available()) {                 //软串口 BT 输出有变化
    val = BT.read();                   //读软串口数据
    Serial.print(val);                 //将软串口数据写到串口上并可以在监视器上显示
  }
}
```

通过程序分析不难发现,Arduino 串口监视器即串口输入输出只有一个,即使做多个软串口,也必须将软串口的输入输出转换到硬串口上才能完成人机交流。

将程序实例 4-1 编译通过后,下载到 Arduino UNO 板卡上,在 Arduino IDE 中选好板卡型号和串口端口号,打开串口监视器,选择好与蓝牙及 Arduino 程序相适应的波特率,输入 AT 命令,出现如下结果,如图 4-7 所示。

图 4-7 通过 Arduino 串口监视器设置蓝牙

Arduino 串口监视器与各种串口助手的作用是等价和一致的,此时,也可使用任何一种串口助手来完成相应的蓝牙设置任务。

4.2 LED 灯基本实验

LED 灯的实验是比较基础的实验之一,在"Hello World!"实验里已经利用到了 Arduino 自带的 LED 灯,这次利用其他 I/O 口和外接直插 LED 灯来完成这个实验,需要的实验器材除了每个实验都必须的 Arduino 控制器和 USB 数据下载线以外,其他需要的器件如下:
- 红色或其他任何颜色的发光二极管直插 LED 灯 1 个;
- 220 Ω 直插电阻 1 个;
- 面包板 1 个;
- 面包板跳线 1 扎。

下一步按照下面的小灯实验原理图链接实物图,这里使用数字 12 接口。使用 LED 灯(发光二极管)时,要连接限流电阻,这里为 220 Ω 电阻,否则电流过大会烧毁发光二极管。连接 13 针接口的 LED 灯可以不接限流电阻,因为在 Arduino UNO 板卡内部电路中对 13 针已经做了限流处理。

LED 灯(发光二极管)的实验原理图如图 4-8 所示。

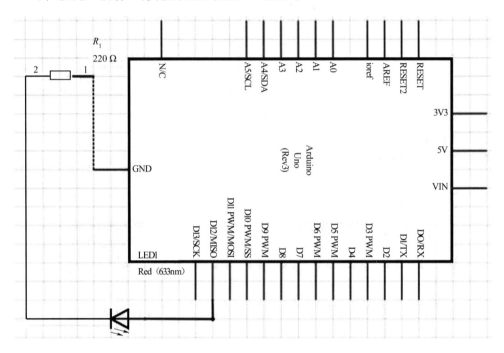

图 4-8　发光二极管连接原理图

发光二极管面包板连接图如图 4-9 所示。

对电阻值的确定,可以采用万用表直接测量是最好的了,但在计算机机房实验时又不太现实,因此,还是借用第三方软件比较方便。色环电阻分为五环和四环,有四种颜色的为四环电阻,有五种颜色标在电阻体上的为五环电阻。

电阻色环识别的一般办法,先找最后一环即标志误差的色环,从而排定色环顺序。

第一办法是按颜色确定。最常用的表示电阻误差的颜色是:金、银、棕,尤其是金环和银环,一般很少用作电阻色环的第一环,所以在电阻上只要有金环和银环,就可以基本认定这是色环电阻的最末一环。

第二个办法及最常用的办法是按色环间距确定最后一环。色环间距较宽的一环为最末一环。棕色环既常用作误差环,又常作为有效数字环,且常常在第一环和最末一环中同时出现,使人很难识别谁是第一环。在实践中,可以按照色环之间的间隔加以判别:比如对于一个五道色环的电阻而言,第五环和第四环之间的间隔比第一环和第二环之间的间隔要宽一些,据此可判定色环的排列顺序。

比如,一个色环电阻的顺序颜色为:红、红、黑、黑、棕,打开 \Android+Arduino 交互设计环境支撑软件\常用辅助开发工具\电阻色环的识别.exe,通过单击右上角五色环标志,确定计算五色环电阻值,顺序单击选择颜色,计算结果如图 4-10 所示。

第 4 章　Android 蓝牙助手控制点亮 LED 灯

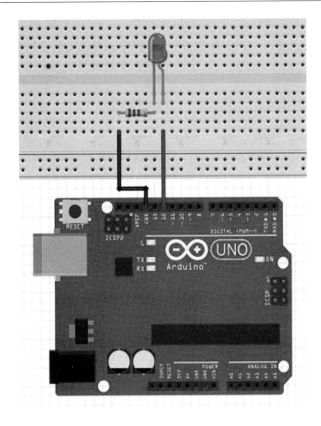

图 4-9　发光二极管面包板连接图

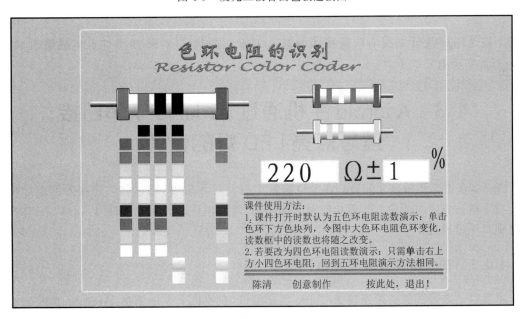

图 4-10　色环电阻自动计算

按照图 4-9 链接好电路后，就可以开始编写程序了，让 LED 灯按照接收的信息不同(1 或 0)，点亮或熄灭。这个程序很简单，与 Arduino 自带的例程里的 Blink 相似只是将 13 数字接口换做 10 数字接口，其他条件判断处理，也是 C 语言编程的基本功而已。

参考程序如下：

程序实例 4-2(\Android＋Arduino 交互设计\程序\arduino 程序\PE4-2)

```
int ledPin = 12;                        //定义数字 12 接口
char val = 'n';                         //注意,字符串的表示方法为单引号,双引号就会出现编
                                          译有误

void setup()
{
  Serial.begin(9600);
  pinMode(ledPin, OUTPUT);              //定义 LED 灯接口为输出接口
}
void loop()
{

    if(Serial.available()) {            //Arduino 串口(0pin,1pin)输出有变化
       val = Serial.read();             //读串口数据
                   }

    if(val == '1'){
        digitalWrite(ledPin, HIGH);     //点亮 LED 灯
        }
    if(val == '0'){
       digitalWrite(ledPin, LOW);       //熄灭 LED 灯
        }
}
```

下载完程序就可以在串口监视器中输入 1 或 0 控制 12 口外接小灯点亮或熄灭,这样 LED 灯的实验就完成了。

4.3 Android 手机通过 Arduino 软串口接蓝牙点亮 LED 灯的设计

Android 手机使用蓝牙前务必在手机设置中打开蓝牙设备,通过软件连接外部蓝牙模块前先在手机设置中对相应蓝牙模块配对才能使用,蓝牙模块默认配对密码为"1234",具体操作结合项目练习进行。

4.3.1 在手机上安装蓝牙串口助手

本项目是通过手机蓝牙连接 Arduino 蓝牙串口,在手机上发送信息,Arduino 接收到相应信息,点亮或熄灭 LED 灯的综合实验。在此实验之前,应首先在手机上安装能够启动手机蓝牙并通过手机蓝牙发送接收数据的软件,即手机蓝牙串口助手。

在安装手机蓝牙串口助手前,要打开手机的 USB 调试功能,通过"设置"|"开发人员选项"完成。通过 USB 线连接计算机与手机安装蓝牙串口助手,或通过互联网将蓝牙串口助手文件以附件形式发送到手机安装。本教程已经准备好一种安装方法,即\Android＋Arduino 交互

设计\Android+Arduino 交互设计环境支撑软件\串口调试助手软件\lanyachuankouzhushou_105.apk。APK 文件安装方法大致有以下三种。

（1）在计算机中下载 APK 软件文件，然后使用数据线将手机与计算机连接，然后通过 360 手机助手（360 手机助手可在 360 安全卫士的软件管家中查找到）等软件的"文件管理"功能，将 APK 文件复制到手机 SD 卡中，然后再在手机文件管理器，找到 APK 文件，然后打开运行安装即可。

（2）另外一种更方便的方法是，在计算机中安装豌豆荚或者 91 助手，然后下载的 APK 文件即可被豌豆荚或者 91 手机助手识别，然后只需要将手机连接计算机，打开手机 USB 调试模式，让豌豆荚或者 91 助手连接上手机即可，之后直接在计算机中打开下载好的 APK 文件，即可打开豌豆荚或者 91 助手，之后即可安装到手机之后会自动打开豌豆荚或者 91 手机助手，提示安装 APK 文件软件到手机，单击"安装"按钮即可，稍后即可成功安装到手机上了。

（3）最常用的方法：通过互联网将蓝牙串口助手文件以邮件附件的形式发送到手机，接收后安装。

第一次连接蓝牙模块，一定要先行配对。有的软件会自行要求配对密码，但有的软件却不能自行要求配对，就要自己先行进行配对：可在"设置"中打开蓝牙，搜索到可用的蓝牙名称，单击输入密码进行配对。

本教程的项目所需的蓝牙通信，都必须在手机第一次连接蓝牙时先行配对，只有列入配对队列中的蓝牙设备才能搜索连接上。

4.3.2 Arduino 软串口接蓝牙点亮 LED 灯的电路设计

Arduino 软串口接蓝牙点亮 LED 灯的电路原理就是将图 4-5 和图 4-9 结合起来完成一个小的综合实验。其电路实现图可通过面包板绘图软件 Fritzing 自行实现。需要提醒的是蓝牙元件的查找方法：在有窗口的元件搜索（放大镜）右框中输入"Bluetooth"，按 Enter 键，选择合适的蓝牙模块即可，如图 4-11 所示。

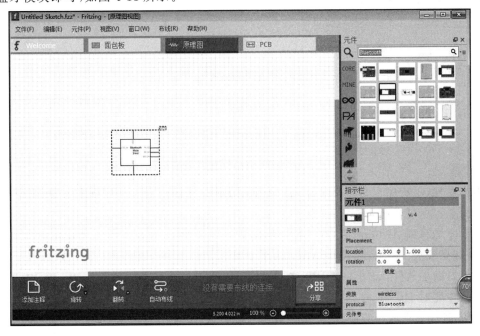

图 4-11 Fritzing 绘图蓝牙元件查找方法

请同学们结合图 4-5 和图 4-9 绘出 Arduino 软串口接蓝牙点亮 LED 灯实验的原理图和电路图。

4.3.3　Arduino 软串口接蓝牙点亮 LED 灯的程序设计

程序实例 4-3(\Android＋Arduino 交互设计\程序\Arduino 程序\PE4-3)

```
#include <SoftwareSerial.h>
SoftwareSerial BT(10, 11);        //设 10 针为 RXD,设 11 针为 TXD;定义软串口名为 BT
int ledPin = 12;                  //定义数字 12 接口
char val = 'n';                   //注意,字符串的表示方法为单引号,双引号就会出现编译有误
void setup()
{
  Serial.begin(9600);             //注意此波特率要与蓝牙的波特率相同
  BT.begin(9600);
  //BT.print("1234");
  pinMode(ledPin, OUTPUT);        //定义 LED 灯接口为输出接口
}
void loop()
{
  if(Serial.available()) {        //Arduino 串口(0pin,1pin)输出有变化
         val = Serial.read();     //读串口数据
  Serial.print("input:");         //将串口输入数据显示到输出
         Serial.println(val);
                    }
  if(BT.available()) {            //软串口 BT 输出有变化
         val = BT.read();         //读软串口数据
         Serial.print(val);       //将软串口数据写到串口上并可以在监视器上显示
  }
  if(val == '1'){
         digitalWrite(ledPin, HIGH);  //点亮 LED 灯
         }
  if(val == '0'){
         digitalWrite(ledPin, LOW);   //熄灭 LED 灯
         }
}
```

不难发现,该程序也是程序实例 4-1 和程序实例 4-2 的结合而已。事实上,所有复杂程序都是由简单程序复合而来。

将程序烧写到 Arduino 后,在手机上启动蓝牙串口助手,输入 1 或 0 就可以控制面包板上的 LED 灯亮或灭。一开始,连接 Arduino 的蓝牙指示灯会一直在快速闪烁,此时,在手机上打开蓝牙串口助手软件,如图 4-12 所示。

连接并配对 HC-06,配对成功,指示灯长亮不闪烁,进入透明传输(透传)状态。第一次连接 HC-06 时会要求密码验证,PIN 码一般为"1234"或"0000"。

手机通过蓝牙串口助手操作,如图 4-13 所示。

图 4-12　手机蓝牙串口软件

图 4-13　启动手机蓝牙串口助手的首界面

打开蓝牙开关,搜索周边的蓝牙设备,目前只有一个名称为"wangcd"的蓝牙设备,选择合适的蓝牙启动,进入蓝牙串口数据输入操作,如图 4-14 所示界面。

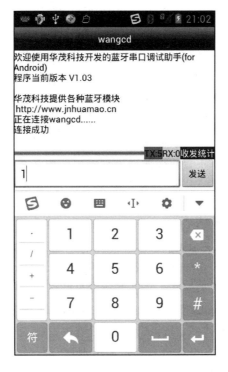

图 4-14　蓝牙串口数据操作

手机分别发送 1/0,控制 Arduino 连接的 LED 灯分别亮或灭。

第 5 章　设计 Android 程序代替蓝牙串口助手控制 LED 灯

本章的目的是通过自行设计 Android 移动端程序了解和熟悉 Socket 通信方式的实现技术,掌握蓝牙通信开发的基本流程,同时对 Android 一些相关控件也做了必要的介绍。

本章电路仍然使用第 4 章中综合实验的电路,Arduino 连接蓝牙和 LED 灯。Arduino 程序也依旧为第 4 章中的综合实验程序(程序实例 4-3)。

5.1　Socket 介绍

Android 通信方式主要有两种,一是 http 通信,二是 Socket 通信。两者的最大差异在于,http 连接使用的是"请求-响应方式",即在请求时建立连接通道,当客户端向服务器发送请求后,服务器端才能向客户端返回数据。而 Socket 通信则是在双方建立起连接后就可以直接进行数据的传输,在连接时可实现信息的主动推送,而不需要每次由客户端向服务器发送请求。在控制应用领域,使用比较方便的还是 Socket 方式。

在 Android 手机控制 Arduino LED 灯的项目中选择 Socket 通信方式。

5.1.1　Socket 描述

网络上的两个程序通过一个双向的通信连接实现数据的交换,这个连接的一端称为一个 Socket。Socket 的英文原意是"孔"或"插座",通常也称为"套接字",用于描述 IP 地址和端口,是一个通信链的句柄,可以用来实现不同虚拟机或不同计算机之间的通信。在 Internet 上的主机一般运行了多个服务软件,同时提供几种服务。每种服务都打开一个 Socket,并绑定到一个端口上,不同的端口对应于不同的服务。Socket 正如其英文原意那样,像一个多孔插座。一台主机犹如布满各种插座的房间,每个插座有一个编号,有的插座提供 220 V 交流电,有的则提供有线电视节目。客户软件将插头插到不同编号的插座,就可以得到不同的服务。

以上是对 Socket 进行的直观描述。抽象出来,Socket 实质上提供了进程通信的端点。进程通信之前,双方必须各自创建一个端点,否则是没有办法建立联系并相互通信的。正如打电话之前,双方必须各自拥有一台电话机一样。通俗地说,套接字(Socket)是通信的基石,是支持 TCP/IP 协议的网络通信的基本操作单元。

应用层通过传输层进行数据通信时,TCP 会遇到同时为多个应用程序进程提供并发服务的问题。多个 TCP 连接或多个应用程序进程可能需要通过同一个 TCP 协议端口传输数据。为了区别不同的应用程序进程和连接,许多计算机操作系统为应用程序与 TCP/IP 协议交互提供了套接字(Socket)接口。应用层可以和传输层通过 Socket 接口,区分来自不同应用程序进程或网络连接的通信,实现数据传输的并发服务。总之一句话,Socket 是对 TCP/IP 协议的封装。

在网间网内部,每一个 Socket 用一个半相关描述:协议、本地地址、本地端口。一个完整的 Socket 有一个本地唯一的 Socket 号,由操作系统分配。

5.1.2 Socket 连接过程与步骤

根据连接启动的方式以及本地套接字要连接的目标,套接字之间的连接过程可以分为三个步骤:服务器监听、客户端请求、连接确认。

第一步,服务器监听:是指服务器端套接字并不定位具体的客户端套接字,而是处于等待连接的状态,实时监控网络状态。

第二步,客户端请求:是指由客户端的套接字提出连接请求,要连接的目标是服务器端的套接字。为此,客户端的套接字必须首先描述它要连接的服务器端的套接字,指出服务器端套接字的地址和端口号,然后就向服务器端套接字提出连接请求。

第三步,连接确认:是指当服务器端套接字监听或者接收到客户端套接字的连接请求,它就响应客户端套接字的请求,建立一个新的线程,把服务器端套接字的描述发给客户端,一旦客户端确认了此描述,连接就建立好了。而服务器端套接字继续处于监听状态,继续接收其他客户端套接字的连接请求。

数据传输包括基于 TCP 协议和 UDP 协议两种常用方式,这里只介绍基于 TCP 协议的 Socket 具体实现过程的语句描述。

1. 服务器端

服务器端首先声明一个 ServerSocket 对象并且指定端口号,然后调用 Serversocket 的 accept()方法接收客户端的数据。accept()方法在没有数据进行接收时处于堵塞状态。

声明 Socket 服务器语句:ServerSocket serivce=new ServerSocket(30000);

Socket 服务器连接语句:Socket socket=serivce.accept();

Accept 方法用于产生"阻塞",直到接收到一个连接,并且返回一个客户端的 Socket 对象实例。"阻塞"是一个术语,它使程序运行暂时"停留"在这个地方,直到一个会话产生,然后程序继续;通常"阻塞"是由循环产生的。

getInputStream 方法获得网络连接输入(接收或读数据),同时返回一个 IutputStream 对象实例。

getOutputStream 方法连接的另一端将得到输入(对当前端就是发送或写数据),同时返回一个 OutputStream 对象实例。

Socket 服务器一旦接收到数据,可通过 InputStream 或 OutputStream 读取接收或发送的数据。例如:

```
OutputStream output = socket.getOutputStream();
```

2. 客户端 Socket 实现步骤

(1) 建立 Socket(Tcp)连接

建立 Socket 连接是相当容易的事情,使用类库提供的 Socket 类就可以实现。

```
//向本机的 30000 端口发出客户请求
Socket socket = new Socket("127.0.0.1",30000);
```

（2）发送数据
PrintStreamout = new PrintStream(socket.getOutputStream());   //发送数据，PrintStream 最方便
（3）接收返回信息
//由系统标准输入设备构造 BufferedReader 对象
buf = new BufferedReader(newInputStreamReader(socket.getInputStream()));
                    //一次性接收完成读取 Socket 的输入流，在其中读出返回信息
readline = buf.readLine();   //从系统标准输入读取字符串
（4）关闭 Socket
Socket.close();

5.2 Android 设备终端与蓝牙模块(HC-06) 的通信编程思路

要完成远程通信，一般要先确定客户端与服务器端。在手机参与远程通信中的设计，一般会将手机设为客户端。但在手机端作为客户端，去连接到蓝牙模块，接收蓝牙模块发过来的信息时，可以省略创建服务器端，只要一个不断监听对方消息的循环就行。

1. 蓝牙开发中的几个关键步骤

（1）开启手机上的蓝牙功能。
（2）搜索附近存在的蓝牙设备。
（3）创建蓝牙 Socket，由 Socket 获取 device(蓝牙设备)，获取输入输出流。
（4）发送和读取数据。
（5）断开连接关闭蓝牙(断开各种线程，注销广播接收器等)

实现 Android 蓝牙通信编程需要掌握 Android 中多线程、handler 数据传递、Adapter 数据与 ListView 转换、BluetoothAdapter 的属性和方法、Socket 通信设置与应用等概念。

2. 程序设计的主线条

搜索蓝牙设备→通过 Adapter 将搜索到的蓝牙设备绑定到 ListView 显示→选择蓝牙 device→建立 socket 连接

Adapter(适配器)在 Android 中占据一个重要的角色，是连接后端数据和前端显示的适配器接口，是数据和 UI(View)之间一个重要的纽带。在常见的 View(ListView，GridView)等地方都需要用到 Adapter。Adapter 使数据绑定到控件变得更加简单和灵活。

BluetoothAdapter 类在蓝牙开发中至关重要，它代表了本设备(手机、计算机等)的蓝牙适配器对象，通过它可以对蓝牙设备进行基本开发，如开关蓝牙设备、扫描蓝牙设备、设置/获取蓝牙状态信息(如蓝牙状态值、蓝牙 Name、蓝牙 Mac 地址)等。

5.3 ListVeiw 与 Adapter 练习

首先，在 eclipse 中新建"Arduino 蓝牙通信实例 5.3"Android 项目。建议包路径"com.example.arduinoPE53"。注意，将项目启动 Activity 的名称设为 SearchDeviceActivity.java；首界面设为 finddevice.xml，如图 5-1 所示。

第 5 章　设计 Android 程序代替蓝牙串口助手控制 LED 灯

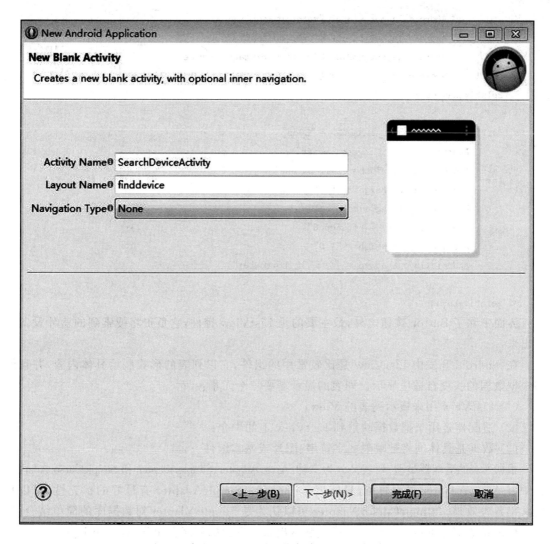

图 5-1　定义 Android 项目的启动 Activity 与首界面

设计 finddevice.xml 程序如下：

<? xml version = "1.0" encoding = "utf - 8"? >
<RelativeLayout xmlns:Android = "http://schemas.Android.com/apk/res/Android"
　　Android:id = "@ + id/devices"
　　Android:orientation = "vertical"
　　Android:layout_width = "fill_parent"
　　Android:layout_height = "fill_parent"
>
<RelativeLayout
　　　Android:layout_width = "fill_parent"
　　　Android:layout_height = "wrap_content"
　　　Android:layout_alignParentBottom = "true"
　　　Android:id = "@ + id/bt_bottombar">

<Button Android:id = "@ + id/start_seach"

```xml
            Android:layout_width = "match_parent"
            Android:layout_height = "wrap_content"
            Android:layout_toRightOf = "@ + id/start_service"
            Android:text = "开始搜索"/>
    </RelativeLayout>

    <ListView Android:layout_marginTop = "30dp"
        Android:id = "@ + id/devicelist"
        Android:layout_width = "fill_parent"
        Android:layout_height = "fill_parent"
        Android:scrollingCache = "false"
        Android:divider = "#ffc6c6c6"
        Android:layout_weight = "1.0"
        Android:layout_above = "@id/bt_bottombar"
        />
</RelativeLayout>
```

界面中除了Button按钮之外,最主要的是ListView控件,它负责将搜索到的蓝牙设备显示出来。

在Android开发中ListView是比较常用的组件,它以列表的形式展示具体内容,并且能够根据数据的长度自适应显示。列表的显示需要三个元素:

(1) ListVeiw用来展示列表的View;

(2) 适配器是用来把数据映射到ListView上的中介;

(3) 数据是具体的将被映射的字符串、图片或基本组件。

根据列表的适配器类型,列表又分为三种:ArrayAdapter、SimpleAdapter和SimpleCursorAdapter。其中以ArrayAdapter最为简单,只能展示一行字。SimpleAdapter有最好的扩充性,可以自定义出各种效果。SimpleCursorAdapter可以认为是SimpleAdapter对数据库的简单结合,可以方便地把数据库的内容以列表的形式展示出来。后面的程序会用到ArrayAdapter。

修改SearchDeviceActivity类做如下补充:

```java
public class SearchDeviceActivity extends Activity {
    //List<string>表示泛型集合,集合中的每个元素都是字符串,创建后可以动态改变元素的个数
    private List<String> deviceList = new ArrayList<String>();
    private ListView deviceListview;
    //数组适配器 ArrayAdapter<String>
    private ArrayAdapter<String> adapter;
    @Override
    protected void onCreate(Bundle savedInstanceState) {
        super.onCreate(savedInstanceState);
        setContentView(R.layout.finddevice);
        setView();
    }
    private void setView(){
        deviceListview = (ListView)findViewById(R.id.devicelist);
        adapter = new ArrayAdapter<String>(this, Android.R.layout.simple_list_item_1,
```

```
deviceList);
            deviceListview.setAdapter(adapter);
            deviceList.add("蓝牙设备 1");
            deviceList.add("蓝牙设备 2");
            deviceList.add("蓝牙设备 3");
            deviceList.add("蓝牙设备 4");
            //adapter.notifyDataSetChanged();         //列表刷新
    }
}
```

在以上程序中使用 ArrayAdapter 语句,下面详细解释一下。ArrayAdapter 一般格式:
`ArrayAdapter arrayAdapter = new ArrayAdapter(ArrayListDemo.this, Android.R.layout.simple_list_item_1, adapterData);`

这段语句代码是创建一个数组适配器的代码,里面有三个参数。第一个参数是上下文,就是当前的 Activity;第二个参数是 Android sdk 中自己内置的一个布局,它里面只有一个 TextView,这个参数表明数组中每一条数据的布局是这个 view,就是将每一条数据都显示在这个 view 上面;第三个参数是要显示的数据。ListView 会根据这三个参数,遍历 adapterData 里面的每一条数据,读出一条,显示到第二个参数对应的布局中,这样就形成了所看到的 ListView。

项目完成后,就可以下载到手机上看到结果。下载到模拟器可能有问题,还需要实验。

5.4 蓝牙开发的基本流程实践练习

在 eclipse 中新建"Arduino 蓝牙通信实例 5.4"Android 项目。如上一个项目一样,将项目启动 Activity 的名称设为 SearchDeviceActivity.java;首界面设为 finddevice.xml。注意,定义包名时与"Arduino 蓝牙通信实例 5.3"的包名不能相同,否则会造成编程出现混乱。然后,将"Arduino 蓝牙通信实例 5.4"Android 项目已经编写好的 SearchDeviceActivity.java 和 finddevice.xml 分别复制到本项目并覆盖原有程序。之后,再做以下工作。

5.4.1 蓝牙权限注册

首先,要操作蓝牙,先要在 AndroidManifest.xml 里加入相应权限。
使用蓝牙设备的权限:
`<uses-permissionAndroid:name="Android.permission.BLUETOOTH_ADMIN" />`
管理蓝牙设备的权限:
`<uses-permissionAndroid:name="Android.permission.BLUETOOTH" />`
具体在 AndroidManifest.xml 中操作是这样的,在</application>之后,在</manifest>之前加入如下语句即可:
`<uses-permission android:name="android.permission.BLUETOOTH"/>`
`<uses-permission android:name="android.permission.BLUETOOTH_ADMIN"/>`
`<uses-permission android:name="android.permission.READ_CONTACTS"/>`

这样就保障了项目使用和管理蓝牙的权限。Android 访问权限 Permission 有很多,大家

在具体应用中可查找相关资料,这里仅对 Android 部分访问权限 Permission 进行说明:

(1) android.permission.ACCESS_NETWORK_STATE 允许程序访问有关 GSM 网络信息;

(2) android.permission.ACCESS_WIFI_STATE 允许程序访问 WiFi 网络状态信息;

(3) android.permission.BLUETOOTH 允许程序连接到已配对的蓝牙设备;

(4) android.permission.BLUETOOTH_ADMIN 允许程序发现和配对蓝牙设备;

(5) android.permission.CAMERA 请求访问使用照相设备;

(6) android.permission.CHANGE_NETWORK_STATE 允许程序改变网络连接状态;

(7) android.permission.CHANGE_WIFI_STATE 允许程序改变 WiFi 连接状态;

(8) android.permission.RECEIVE_SMS 允许程序监控一个将收到的短信息,记录或处理;

(9) android.permission.SEND_SMS 允许程序发送 SMS 短信;

(10) android.permission.INTERNET 允许程序打开网络套接字;

(11) android.permission.PERSISTENT_ACTIVITY 允许一个程序设置它的 activities 显示;

(12) android.permission.READ_CONTACTS 允许程序读取用户联系人数据。

5.4.2 蓝牙搜索设计程序与步骤

1. 先阅读蓝牙搜索与选择的基本程序

```java
public class SearchDeviceActivity extends Activity implements OnItemClickListener{
    private BluetoothAdapter blueadapter = null;              //蓝牙适配器类
    private DeviceReceiver mydevice = new DeviceReceiver();   //自己编写的设备接收函数
    private List<String> deviceList = new ArrayList<String>();
    private ListView deviceListview;
    private Button btserch;
    private ArrayAdapter<String> adapter;
    private boolean hasregister = false;                      //设置注册标志
    @Override
    protected void onCreate(Bundle savedInstanceState) {
        super.onCreate(savedInstanceState);
        setContentView(R.layout.finddevice);
        setView();
        setBluetooth();

    }

    private void setView(){                                   //将搜索到的蓝牙设备绑定到 ListView 视图显示

        deviceListview = (ListView)findViewById(R.id.devicelist);
        adapter = new ArrayAdapter<String>(this, Android.R.layout.simple_list_item_1, deviceList);
        deviceListview.setAdapter(adapter);
        deviceListview.setOnItemClickListener(this);
```

```java
        btserch = (Button)findViewById(R.id.start_seach);
        btserch.setOnClickListener(new ClinckMonitor());

    }


    @Override
    protected void onStart() {
        //注册蓝牙接收广播
        if(!hasregister){
            hasregister = true;
           //设置注册广播信息过滤
            IntentFilter filterStart = new IntentFilter(BluetoothDevice.ACTION_FOUND);
                                            //.ACTION_FOUND 搜索到蓝牙设备
            IntentFilter filterEnd = new IntentFilter(BluetoothAdapter.ACTION_DISCOVERY_FINISHED);
                                       //ACTION_DISCOVERY_FINISHED 蓝牙扫描过程结束
          // 注册广播接收器,接收并处理搜索结果
            registerReceiver(mydevice, filterStart);
            registerReceiver(mydevice, filterEnd);
        }
        super.onStart();
    }


    @Override
    protected void onDestroy() {
        if(blueadapter != null&&blueadapter.isDiscovering()){
            blueadapter.cancelDiscovery();
        }
        if(hasregister){
            hasregister = false;
            unregisterReceiver(mydevice);
        }
        super.onDestroy();
    }
    /**
     * 设置蓝牙
     */
    private void setBluetooth(){
        blueadapter = BluetoothAdapter.getDefaultAdapter();
       //取得默认的蓝牙适配器 ;返回值:如果设备具备蓝牙功能,返回 BluetoothAdapter 实例;
         否则,返回 null 对象


        if(blueadapter!= null){                      //(Android 设备支持蓝牙)
           //确认开启蓝牙
            if(!blueadapter.isEnabled()){            //判断是否打开蓝牙
```

```
                //请求用户开启
                Intent intent = new Intent(BluetoothAdapter.ACTION_REQUEST_ENABLE);
                                                //请求用户选择打开蓝牙
                //startActivityForResult(Intent intent, int requestCode)既可实现 Activity 的
                    跳转,又可在 Activity 之间传递数据
                startActivityForResult(intent, RESULT_FIRST_USER);
                //使蓝牙设备可见,方便配对
                Intent in = new Intent(BluetoothAdapter.ACTION_REQUEST_DISCOVERABLE);
                                            //请求用户选择使该蓝牙能被扫描(搜索)
                //设置蓝牙可见性,最多 200 秒
                in.putExtra(BluetoothAdapter.EXTRA_DISCOVERABLE_DURATION, 200);
                //可以通过 BluetoothAdapter.EXTRA_DISCOVERABLE_DURATION 这个参数来指定可
                    被搜索的时间
                startActivity(in);
                //直接开启,不经过提示
                blueadapter.enable();               //打开蓝牙适配器
            }
        }
            else{                                   //(Android 设备不支持蓝牙)

    AlertDialog.Builder dialog = new AlertDialog.Builder(this);
    dialog.setTitle("没有蓝牙设备");
    dialog.setMessage("您的设备不支持蓝牙,请更改设备");

            dialog.setNegativeButton("取消",
                new DialogInterface.OnClickListener() {
                    @Override
                    public void onClick(DialogInterface dialog, int which) {

                    }
                });
            dialog.show();
        }
    }
    /**
    * 找到蓝牙设备
    */
    private void findAvalibleDevice(){
        //获取可配对蓝牙设备
        Set<BluetoothDevice> device = blueadapter.getBondedDevices();
                                    //获取与本机蓝牙所有绑定的远程蓝牙信息
        //以 BluetoothDevice 类实例返回,该类就是关于远程蓝牙设备的一个描述。通过它可以和
            本地蓝牙设备-BluetoothAdapter 连接通信。
    if(blueadapter! = null&&blueadapter.isDiscovering()){   //判断不是 null,并且为正在扫描过程中
```

```java
            deviceList.clear();                          //清空ListView
            adapter.notifyDataSetChanged();              //适配器的内容改变时强制调用getView来
                                                         //  刷新每个Item的内容,实现动态的刷新列
                                                         //  表的功能
        }
        if(device.size()>0){                             //存在已经配对过的蓝牙设备
            for(Iterator<BluetoothDevice> it = device.iterator();it.hasNext();){
                                                         //遍历蓝牙设备并将设备名称、地址赋予ListView
                BluetoothDevice btd = it.next();
                deviceList.add(btd.getName() + '\n' + btd.getAddress());
                                                         //将蓝牙名称、地址加到ListView显示
                adapter.notifyDataSetChanged();          //列表刷新,显示配对蓝牙新信息
            }
        }else{                                           //不存在配对的蓝牙设备
            deviceList.add("没有可以匹配使用的蓝牙");
            adapter.notifyDataSetChanged();
        }
    }
}
@Override
protected void onActivityResult(int requestCode, int resultCode, Intent data) {

    switch(resultCode){
    case RESULT_OK:
        findAvalibleDevice();
        break;
    case RESULT_CANCELED:
        break;
    }
    super.onActivityResult(requestCode, resultCode, data);
}
private class ClinckMonitor implements OnClickListener{
    @Override
    public void onClick(View v) {
        if(blueadapter.isDiscovering()){                 //判断是否正在处于扫描过程中
            blueadapter.cancelDiscovery();               //取消扫描过程
            btserch.setText("重新搜索");
        }else{
            findAvalibleDevice();                        //调用该函数获取可配对蓝牙设备
            blueadapter.startDiscovery();                //扫描蓝牙设备
            btserch.setText("停止搜索");
        }
    }
}
```

```java
    /**
     * 蓝牙搜索状态广播监听
     */
    private class DeviceReceiver extends BroadcastReceiver{
        @Override
        public void onReceive(Context context, Intent intent) {
            String action = intent.getAction();
          //找到设备
            if(BluetoothDevice.ACTION_FOUND.equals(action)){                    //搜索到新设备
                BluetoothDevice btd = intent.getParcelableExtra(BluetoothDevice.EXTRA_DEVICE);
                                                        //.EXTRA_DEVICE 表示哪一个具体的设备
            //搜索没有配对过的蓝牙设备
              if (btd.getBondState() != BluetoothDevice.BOND_BONDED) {
                                                        //BOND_BONDED 表明蓝牙已经绑定
                    deviceList.add(btd.getName() + '\n' + btd.getAddress());
                    adapter.notifyDataSetChanged();       //列表刷新
                }
            }
       else if (BluetoothAdapter.ACTION_DISCOVERY_FINISHED.equals(action)){
                            //搜索结束； ACTION_DISCOVERY_FINISHED 表示蓝牙扫描过程结束
             if (deviceListview.getCount() == 0) {
                    deviceList.add("没有发现可使用的蓝牙!");
                    adapter.notifyDataSetChanged();
                }
                btserch.setText("重新搜索");
          }
        }
    }
        @Override
        public void onItemClick(AdapterView<?> arg0, View arg1, int pos, long arg3) {

            Log.e("msgParent", "Parent = " + arg0);
            Log.e("msgView", "View = " + arg1);
Log.e("msgChildView", "ChildView = " + arg0.getChildAt(pos - arg0.getFirstVisiblePosition()));

            final String msg = deviceList.get(pos);

            if(blueadapter!= null&&blueadapter.isDiscovering()){
                blueadapter.cancelDiscovery();
                btserch.setText("重新搜索");
            }
        AlertDialog.Builder dialog = new AlertDialog.Builder(this);        //定义一个弹出框对象
            dialog.setTitle("确认连接设备");
            dialog.setMessage(msg);
            dialog.setPositiveButton("连接",
```

```java
                    new DialogInterface.OnClickListener() {
                        @Override
                        public void onClick(DialogInterface dialog, int which)
{   BluetoothMsg.BlueToothAddress = msg.substring(msg.length() - 17);
 if(BluetoothMsg.lastblueToothAddress! = BluetoothMsg.BlueToothAddress){BluetoothMsg.lastblueToothAddress
 = BluetoothMsg.BlueToothAddress;
                        }
//Intent in = new Intent(SearchDeviceActivity.this,BluetoothActivity.class);
                            //startActivity(in);
                        }
                    });
                dialog.setNegativeButton("取消",
                    new DialogInterface.OnClickListener() {
                        @Override
                        public void onClick(DialogInterface dialog, int which) {
                            BluetoothMsg.BlueToothAddress = null;
                        }
                    });
                dialog.show();
        }
}
```

程序中还需要单独建立一个打开蓝牙设备的类文件,主要负责区分服务器与客户端、定义蓝牙地址变量、子线程是否开启登记等,类名:BluetoothMsg.java,相应程序如下:

```java
public class BluetoothMsg{
    /**
     * 蓝牙连接类型
     * @author Andy
     */
    public enum ServerOrCilent{
        NONE,
        SERVICE,
        CILENT
    }
    //蓝牙连接方式
    public static ServerOrCilent serviceOrCilent = ServerOrCilent.NONE;
    //连接蓝牙地址
    public static String BlueToothAddress = null,lastblueToothAddress = null;
    //通信线程是否开启
    public static boolean isOpen = false;
}
```

2. 蓝牙搜索步骤分析

这个程序比较长,稍显复杂,现实中要解决具体问题的程序都不是简单的程序。大体分析一下下面这个程序。

(1) 注册蓝牙

先注册 BroadcastReceiver（广播接收者）即蓝牙接收广播注册，一般写在 onCreate()或 onStart()中，请仔细阅读 onStart()函数，包括设置注册广播信息过滤、注册广播接收器、接收并处理搜索结果等。

(2) 打开蓝牙

```
blueadapter = BluetoothAdapter.getDefaultAdapter();
```

取得默认的蓝牙适配器；返回值：如果设备具备蓝牙功能，返回 BluetoothAdapter 实例；否则，返回 null 对象。

```
blueadapter.enable();                                           //打开蓝牙适配器
```

(3) 获取已配对的蓝牙设备（Android.bluetooth.BluetoothDevice）

首次连接某蓝牙设备需要先配对（注册 PIN 码），一旦配对成功，该设备的信息就会被保存，以后连接时无须再配对，所以已配对的设备不一定是能连接的。

```
private void findAvalibleDevice(){
        //获取可配对蓝牙设备
    Set<BluetoothDevice> device = blueadapter.getBondedDevices();  //获取与本机蓝牙所有绑定的
                                                                    远程蓝牙信息
    if(blueadapter! = null&&blueadapter.isDiscovering()){  //判断不是 null,并且为正在扫描过程中
        deviceList.clear();                                //清空 ListView
    adapter.notifyDataSetChanged();
        //适配器的内容改变时强制调用 getView 来刷新每个 Item 的内容,实现动态的刷新列表的功能
        }
    if(device.size()>0){                                   //存在已经配对过的蓝牙设备
        for(Iterator<BluetoothDevice> it = device.iterator();it.hasNext();){
                                        //遍历蓝牙设备并将设备名称、地址赋予 ListView
        BluetoothDevice btd = it.next();                   //取下一个设备
    deviceList.add(btd.getName() + '\n' + btd.getAddress());  //将蓝牙名称、地址加到 ListView 显示
        adapter.notifyDataSetChanged();                    //列表刷新,显示配对蓝牙新信息
        }
        }else{                                             //不存在配对的蓝牙设备
            deviceList.add("没有可以匹配使用的蓝牙");
            adapter.notifyDataSetChanged();
            }
        }
    }
```

(4) 搜索周围的蓝牙设备

适配器搜索蓝牙设备后将结果以广播形式传出去，所以需要自定义一个继承广播的类，在 onReceive 方法中获得并处理蓝牙设备的搜索结果。

单击"开始搜索"按钮之后，执行下列监听：

```
private class ClinckMonitor implements OnClickListener{
        @Override
        public void onClick(View v) {
            if(blueadapter.isDiscovering()){               //判断是否处于扫描过程中
                blueadapter.cancelDiscovery();             //取消扫描过程
```

第5章 设计Android程序代替蓝牙串口助手控制LED灯

```
            btserch.setText("重新搜索");
        }else{
            findAvalibleDevice();            //调用该函数获取可配对蓝牙设备
            blueadapter.startDiscovery();    //扫描蓝牙设备
            btserch.setText("停止搜索");
        }
    }
}
```

这段代码的核心是 blueadapter.startDiscovery();即搜索蓝牙,这也是搜索蓝牙的第一步,但仅仅这一步,并没有返回的蓝牙设备信息,还需要下一步,定义广播接收组件BroadcastReceiver,监听系统广播信息,获得配对蓝牙,并通过ListView显示。

(5) 通过 ListView 列表控件显示蓝牙设备

```
private class DeviceReceiver extends BroadcastReceiver{
    @Override
    public void onReceive(Context context, Intent intent) {
        String action = intent.getAction();
        //找到设备
        if(BluetoothDevice.ACTION_FOUND.equals(action)){        //搜索到新设备
            BluetoothDevice btd = intent.getParcelableExtra(BluetoothDevice.EXTRA_DEVICE);
                                                                //.EXTRA_DEVICE表示哪一个具体的设备
            //搜索没有配过对的蓝牙设备
            if (btd.getBondState() != BluetoothDevice.BOND_BONDED) {
            // BOND_BONDED 表明蓝牙已经绑定
                deviceList.add(btd.getName() + '\n'+ btd.getAddress());  //蓝牙设备添加到ListView
                adapter.notifyDataSetChanged();                 //列表刷新
            }
        }
        else
        if (BluetoothAdapter.ACTION_DISCOVERY_FINISHED.equals(action)){
                            //搜索结束; ACTION_DISCOVERY_FINISHED 表示蓝牙扫描过程结束
            if (deviceListview.getCount() == 0) {
                deviceList.add("没有发现可使用的蓝牙!");
                adapter.notifyDataSetChanged();
            }
            btserch.setText("重新搜索");
        }
    }
}
```

这样,当查找到或没查找到蓝牙设备,都会显示相关的信息。

将项目中的 SearchDeviceActivity 类和 BluetoothMsg 类按给定的代码完成后,下载到手机,手机可以搜索周边的蓝牙设备,选中蓝牙设备后,会提示"连接",但还不能处理连接之后的工作。

5.4.3 建立蓝牙连接后读写蓝牙串口数据程序设计

1. 当搜索蓝牙结束之后,选择某一个蓝牙设备并连接该设备时会启动

BluetoothActivity.class：
  Intent in = new Intent(SearchDeviceActivity.this,BluetoothActivity.class);
  startActivity(in);

只需将上节程序中这两条语句的注释取消即可。在 SearchDeviceActivity 类中,将跳转到 BluetoothActivity 的 Intent 启动放到 ListView 的 onItemClick 方法中的一个 AlertDialog 对话框中执行。

对于搜索蓝牙处理程序,只需大体了解即可,因为对于以后的项目操作而言,这段代码是一个固定的应用,可以不用做任何修改直接套用。但建立蓝牙连接之后,读写蓝牙串口数据的程序设计则必须详细了解,因为以后的项目操作都需对这段代码进行修改和补充才能具体实现。

2. 修改配置文件允许 Intent 启动新的 Activity

通过 Intent 方式启动 BluetoothActivity 类,由于使用 Intent,还要在配置文件 AndroidManifest.xml 中设置 Activity 过滤处理,在</application>之前输入下列语句：

  <activity Android:name = " com.example.arduinoPE54.BluetoothActivity"></activity>

注意修改包路径名称(这里的包路径名称是"com.example.arduinoPE54",可修改这个名称)与自己的项目一致,否则也会导致程序终止运行！

3. 蓝牙数据接收发送界面布局

在建立 BluetoothActivity 类连接蓝牙并从蓝牙发送接收数据之前还要先设计一个界面布局 xml 文件,主要由一个"断开蓝牙"的 Button、几个文本控件和一个 ListView 列表控件组成,命名为 chat.xml,程序清单：

```xml
<? xml version = "1.0" encoding = "utf-8"? >
<LinearLayout xmlns:Android = "http://schemas.Android.com/apk/res/Android"
    Android:id = "@ + id/container"
    Android:orientation = "vertical"
    Android:layout_width = "fill_parent"
    Android:layout_height = "fill_parent"
>
<LinearLayout
        Android:layout_width = "match_parent"
        Android:layout_height = "wrap_content"
        Android:id = "@ + id/linearLayout1"
>
<Button Android:id = "@ + id/btn_disconnect"
        Android:layout_width = "136dp"
        Android:layout_height = "wrap_content"
        Android:layout_marginTop = "0dp"
        Android:text = "断开蓝牙"/>
```

```xml
</LinearLayout>
<TableLayout

Android:layout_width = "match_parent"
    Android:layout_height = "wrap_content">
<TableRow Android:layout_width = "wrap_content"
           Android:layout_height = "wrap_content">
<Button
           Android:id = "@ + id/bt1"
           Android:layout_width = "wrap_content"
           Android:layout_height = "40dp"
           Android:textSize = "20dp"
           Android:layout_marginLeft = "0dp"
           Android:text = "发送数据:"
           />
<EditText Android:id = "@ + id/et1"
           Android:layout_width = "wrap_content"
           Android:layout_height = "40dp"
           Android:hint = "点"发送数据"发送" />
</TableRow>
<TableRow Android:layout_width = "wrap_content"
           Android:layout_height = "wrap_content">
<TextView
           Android:layout_width = "wrap_content"
           Android:layout_height = "30dp"
           Android:textSize = "20dp"
           Android:layout_marginLeft = "2dp"
           Android:text = "接收数据:"
           />
<TextView Android:id = "@ + id/msg_3TXT"
           Android:layout_width = "wrap_content"
           Android:layout_height = "30dp"
           Android:textSize = "20dp"
Android:textColor = "#FF0000"
           Android:hint = "蓝牙发送来的数据"
           />
</TableRow>
</TableLayout>
<LinearLayout

Android:layout_width = "match_parent"
    Android:layout_height = "wrap_content"

Android:id = "@ + id/linearLayout3"
```

```
                Android:layout_marginTop = "0dp">
<ListView
        Android:id = "@ + id/list"
        Android:layout_width = "fill_parent"
        Android:layout_height = "fill_parent"
        Android:scrollingCache = "false"
        Android:divider = "@null"
        Android:layout_weight = "1.0"
        />
</LinearLayout>
</LinearLayout>
```

4. BluetoothActivity 类连接蓝牙读写数据处理

本程序是本教程的重点研究对象,后面项目 Android 部分的几乎所有扩展和修改都是对本程序的重新编写。

(1) 本程序的主要类研究分析

① init():负责界面控件的监听处理,只要界面控件发生变化,就先行修改这个类程序。

② onResume():启动 Activity 时的事件。重写该类,让其负责启动服务器线程 ServerThread()和 clientThread()客户端线程。主要语句:

```
startServerThread = new ServerThread();              //服务器端(Arduino 蓝牙)线程实例化
clientConnectThread = new clientThread();            //客户端(手机)线程实例化
```

两个子线程除了主要负责建立 socket 及其连接的任务之外,还要负责启动接收数据的任务,即实现从流媒体中读数据。在 ServerThread()和 clientThread()均有如下功能:

```
//启动接收数据
                mreadThread = new readThread();
                mreadThread.start();
```

③ readThread():从数据流管道中接收数据(本教程把蓝牙作 Socket 处理,可从蓝牙串口上读取数据)。

④ Handler 实例 LinkDetectedHandler:负责将子线程的数据转到 UI,刷新主界面控件显示。这个类也是主要修改和编写的重点。

⑤ sendMessageHandle(String msg):这是一个普通的类函数,不是子线程。负责发送数据,向数据流管道(socket)写数据,等待 Arduino 串口(蓝牙串口)接收。

(2) 程序清单

```
public class BluetoothActivity extends   Activity{
    //一些常量,代表服务器的名称
    public static final String PROTOCOL_SCHEME_RFCOMM = "btspp";     //任意名称
    private Intent intent,intent0;
    private ListView mListView;
    private TextView msg1_TXT,msg2_TXT,msg3_TXT;
    private Button sendButton1,sendButton2,sendButton3;
    private Button sendButton0,btn_msg_1;
    private Button disconnectButton;
    private ArrayAdapter<String> mAdapter;
```

```java
        private List<String> msgList = new ArrayList<String>();
    Context mContext;
        private EditText et1;
        private BluetoothServerSocket mserverSocket = null;
        private ServerThread startServerThread = null;
        private clientThread clientConnectThread = null;
        private BluetoothSocket socket = null;
        private BluetoothDevice device = null;
        private readThread mreadThread = null;
        private BluetoothAdapter mBluetoothAdapter = BluetoothAdapter.getDefaultAdapter();
    String msg1,msg2 = "";
    int flg_i00 = 0;
        private static final String TAG = "TCP";                    //调试使用
            @Override
            public void onCreate(Bundle savedInstanceState) {
                super.onCreate(savedInstanceState);
                setContentView(R.layout.chat);
            mContext = this;
                //intent = new Intent("com.example.arduino.MusicService_wang_cd");
                //定义 intent 的 action = "com.example.arduino.MusicService_wang_cd";与配置文件中
                    服务器 g 过滤相同
                //intent0 = new Intent("com.example.arduino.MusicService_wang_cd_y_r");
                init();
            }
    private void init() {
                mAdapter = new ArrayAdapter<String>(this, Android.R.layout.simple_list_item_1,
                msgList);
                mListView = (ListView) findViewById(R.id.list);
                mListView.setAdapter(mAdapter);
                mListView.setFastScrollEnabled(true);
                sendButton1 = (Button)findViewById(R.id.bt1);
                et1 = (EditText) findViewById(R.id.et1);
                                                        //手机输入的数据,发到 Arduino 蓝牙的数据
                msg3_TXT = (TextView) findViewById(R.id.msg_3TXT);
                                                        //蓝牙发送的数据,手机接收的数据
                sendButton1.setOnClickListener(new OnClickListener() {
                    @Override
                    public void onClick(View arg0) {
                        if (et1.length()>0) {
                            sendMessageHandle(et1.getText().toString());
                        }
                    }
                });
                disconnectButton = (Button)findViewById(R.id.btn_disconnect); //断开蓝牙按钮
```

```java
        disconnectButton.setOnClickListener(new OnClickListener() {        //断开蓝牙处理程序
            @Override
            public void onClick(View arg0) {
                // TODO Auto-generated method stub
                if (BluetoothMsg.serviceOrCilent == BluetoothMsg.ServerOrCilent.CILENT)
                {
                    shutdownClient();
                }
                else if (BluetoothMsg.serviceOrCilent == BluetoothMsg.ServerOrCilent.SERVICE)
                {
                    shutdownServer();
                }
                BluetoothMsg.isOpen = false;
BluetoothMsg.serviceOrCilent = BluetoothMsg.ServerOrCilent.NONE;
                Toast.makeText(mContext, "已断开连接!", Toast.LENGTH_SHORT).show();
            }
        }
    }

    private Handler LinkDetectedHandler = new Handler() {
                                                //多线程 Handler 实例,将子线程的数据转到 UI
        @Override
        public void handleMessage(Message msg) {
            if(msg.what == 1)                  //msg.what 只能放数字(作用可以使用来做 if 判断)
            {
                msgList.add((String)msg.obj);        //ListView 显示从 Arduino 蓝牙读取的数据
                msg3_TXT.setText((String)msg.obj);      //UI 文本显示蓝牙发送的数据
            }
            else                                //what = 0;msg.obj 存放的是提示信息
            {
                msgList.add((String)msg.obj);
            }
            mAdapter.notifyDataSetChanged();             //ListView 刷新
            mListView.setSelection(msgList.size() - 1);    //ListView 光标定位
        }
    }

    @Override
    protected void onResume() {                             //启动运行 Activity 事件
        BluetoothMsg.serviceOrCilent = BluetoothMsg.ServerOrCilent.CILENT;     //手机为客户端
        if(BluetoothMsg.isOpen)
        {
            Toast.makeText(mContext, "连接已经打开,可以通信。如果要再建立连接,请先断开!", Toast.LENGTH_SHORT).show();
            return;
        }
```

```
           if(BluetoothMsg.serviceOrCilent = = BluetoothMsg.ServerOrCilent.CILENT)
           {
               String address = BluetoothMsg.BlueToothAddress;
               if(! address.equals("null"))
               {
                   device = mBluetoothAdapter.getRemoteDevice(address);
                   clientConnectThread = new clientThread();     //客户端(手机)线程实例化
                   clientConnectThread.start();
                   BluetoothMsg.isOpen = true;
               }
               else
               {
                   Toast.makeText(mContext,"没有地址!",Toast.LENGTH_SHORT).show();
                }
            }
            else if(BluetoothMsg.serviceOrCilent = = BluetoothMsg.ServerOrCilent.SERVICE)
           {
               startServerThread = new ServerThread();        //服务器端(Arduino 蓝牙)线程实例化
               startServerThread.start();
               BluetoothMsg.isOpen = true;
           }
      super.onResume();
}
//开启客户端线程
    private class clientThread extends Thread {
        @Override
        public void run() {
            try {
                //创建一个 Socket 连接:只需要服务器在注册时的 UUID 号
                    //socket = device.createRfcommSocketToServiceRecord(BluetoothProtocols.
                        OBEX_OBJECT_PUSH_PROTOCOL_UUID);
                socket = device.createRfcommSocketToServiceRecord(UUID.fromString("00001101-
                0000-1000-8000-00805F9B34FB"));
                //连接
                Message msg = new Message();
                msg.obj = "正在连接服务器:" + BluetoothMsg.BlueToothAddress;
                msg.what = 0;                         //what 存放消息 Message 的标志
                LinkDetectedHandler.sendMessage(msg);       //通过 Handler 实例更新 UI
                socket.connect();                     //socket 连接
                //Message msg4 = new Message();
                msg.obj = "已经连接上服务端!可以发送信息。";
                                                     //obj 存放消息 Message 的内容
                msg.what = 0;
                //what = 0;表示 Handler 实例发送的消息内容为提示信息。what = 1;表示 Handler
```

```java
                        实例发送的消息内容为蓝牙数据
                    LinkDetectedHandler.sendMessage(msg);
                    //启动接收数据
                    mreadThread = new readThread();
                    mreadThread.start();
                }
                catch (IOException e)
                {
                    Log.e("connect", "", e);
                    Message msg = new Message();
                    msg.obj = "连接服务端异常！断开连接重新试一试。";
                    msg.what = 0;
                    LinkDetectedHandler.sendMessage(msg);
                }
            }
        }
        //开启服务器线程
        private class ServerThread extends Thread {
            @Override
            public void run() {
                try {
                    //创建一个蓝牙服务器
                    //参数分别为:服务器名称、UUID
mserverSocket = mBluetoothAdapter.listenUsingRfcommWithServiceRecord(PROTOCOL_SCHEME_
RFCOMM,UUID.fromString("00001101-0000-1000-8000-00805F9B34FB"));
                    Log.d("server", "wait cilent connect...");
                    Message msg = new Message();
                    msg.obj = "请稍候,正在等待客户端的连接…";
                    msg.what = 0;
                    LinkDetectedHandler.sendMessage(msg);
                    //  接收客户端的连接请求
                    socket = mserverSocket.accept();            //阻塞连接
                    Log.d("server", "accept success !");
                    //Message msg2 = new Message();
                    String info = "客户端已经连接上！可以发送信息。";
                    msg.obj = info;
                    msg.what = 0;
                    LinkDetectedHandler.sendMessage(msg);
                    //启动接收数据
                    mreadThread = new readThread();
                    mreadThread.start();
                } catch (IOException e) {
                    e.printStackTrace();
                }
```

```java
        }
    }
    // 停止服务器
    private void shutdownServer() {
        new Thread() {
            @Override
            public void run() {
                if(startServerThread != null)
                {
                    startServerThread.interrupt();
                    startServerThread = null;
                }
                if(mreadThread != null)
                {
                    mreadThread.interrupt();
                    mreadThread = null;
                }
                try {
                    if(socket != null)
                    {
                        socket.close();
                        socket = null;
                    }
                    if (mserverSocket != null)
                    {
                        mserverSocket.close();              //关闭服务器
                        mserverSocket = null;
                    }
                } catch (IOException e) {
                    Log.e("server", "mserverSocket.close()", e);
                }
            }
        }.start();
    }
    //停止客户端连接
    private void shutdownClient() {
        new Thread() {
            @Override
            public void run() {
                if(clientConnectThread!= null)
                {
                    clientConnectThread.interrupt();
                    clientConnectThread = null;
                }
```

```
                if(mreadThread != null)
                {
                    mreadThread.interrupt();
                    mreadThread = null;
                }
                if (socket != null) {
                    try {
                        socket.close();
                    } catch (IOException e) {
                        // TODO Auto-generated catch block
                        e.printStackTrace();
                    }
                    socket = null;
                }
            }
        }.start();
    }
    //发送数据
    private void sendMessageHandle(String msg)
    {
        if (socket == null)
        {
            Toast.makeText(mContext,"没有连接",Toast.LENGTH_SHORT).show();
            return;
        }
        try {

            OutputStream os = socket.getOutputStream();
            os.write(msg.getBytes());

        } catch (IOException e) {
            e.printStackTrace();
        }
        //msgList.add(msg);
        // mAdapter.notifyDataSetChanged();
        // mListView.setSelection(msgList.size() - 1);
    }
    //读取数据
    private class readThread extends Thread {
        @Override
        public void run() {

            byte[] buffer = new byte[1024];
            int bytes;
```

```java
            InputStream mmInStream = null;

            try {
                mmInStream = socket.getInputStream();
            } catch (IOException e1) {
                // TODO Auto-generated catch block
                e1.printStackTrace();
            }
            while (true) {
                try {
                    // Read from the InputStream
                    if((bytes = mmInStream.read(buffer)) > 0 )
                    {
                        byte[] buf_data = new byte[bytes];
                        for(int i = 0; i<bytes; i++)
                        {
                            buf_data[i] = buffer[i];
                        }
                        String s = new String(buf_data);
                        Message msg = new Message();
                        msg.obj = s;
                        msg.what = 1;          //what=1:表示Handler实例发送的消息内容为手
                                               //       机从Arduino蓝牙读取的数据
                        LinkDetectedHandler.sendMessage(msg);
                    }
                } catch (IOException e) {
                    try {
                        mmInStream.close();
                    } catch (IOException e1) {
                        // TODO Auto-generated catch block
                        e1.printStackTrace();
                    }
                    break;
                }
            }
        }
    }
    @Override
    protected void onDestroy() {
        super.onDestroy();
        stopService(intent0);
        stopService(intent);

        if(BluetoothMsg.serviceOrCilent == BluetoothMsg.ServerOrCilent.CILENT)
```

```
        {
            shutdownClient();
        }
        else if (BluetoothMsg.serviceOrCilent == BluetoothMsg.ServerOrCilent.SERVICE)
        {
            shutdownServer();
        }
        BluetoothMsg.isOpen = false;
        BluetoothMsg.serviceOrCilent = BluetoothMsg.ServerOrCilent.NONE;
    }
}
```

(1) 开启服务器端和客户端线程说明

在 BluetoothActivity.class 中建立了开启服务器端和客户端两个线程，因为建立连接的方法会阻塞线程，所以服务器端和客户端都应启动新线程连接。服务器端（BluetoothServerSocket）和客户端（BluetoothSocket）需指定同样的 UUID，才能建立连接。

① 客户端：创建一个 Socket 连接，只需要服务器在注册时的 UUID 号。

```
Socket = device.createRfcommSocketToServiceRecord(UUID.fromString("00001101-0000-1000-8000-00805F9B34FB"));
socket.connect();                          //连接蓝牙服务器
```

② 服务器端：创建一个蓝牙服务器参数分别为：服务器名称、UUID 号。

```
mserverSocket = mBluetoothAdapter.listenUsingRfcommWithServiceRecord(PROTOCOL_SCHEME_RFCOMM, UUID.fromString("00001101-0000-1000-8000-00805F9B34FB"));
socket = mserverSocket.accept();           ///* 接收客户端的连接请求,等待客户端的连接
```

开启服务器端和客户端新线程的启动在 onResume() 完成。onResume() 在 Activity 的 onStart() 之后接着执行。

(2) 通过 Stream 实现发送数据与接收数据

Java IO（输入输出）通过 Stream（流）来实现。关于流，可以理解为是一种"数据的管道"。管道中流动的数据可以是基于字节的，也可以是基于字符的。Java 所有的 I/O 机制都是基于数据流进行输入输出的，这些数据流表示了字符或者字节数据的流动序列。Java 的 I/O 流提供了读写数据的标准方法。任何 Java 中表示数据源的对象都会提供以数据流的方式读写它的数据的方法。Stream（流）包括输入流和输出流。

1) Socket 套接字作为 Stream 的 I/O 设备

对应于流还有一个概念：输入、输出设备。这些设备可以是磁盘文件、键盘（输入设备）、显示器（输出设备）、打印机（输出设备）、网络套接字等。本项目对应于 Stream（流）的输入、输出设备是蓝牙服务器和手机客户端的 Socket 套接字。

采用数据流的目的就是使得输入、输出独立于设备。

Input Stream 不关心数据源来自何种设备（键盘、文件、网络）

Output Stream 不关心数据的目的是何种设备（键盘、文件、网络）

2) 输入流（Input Stream）

程序从输入流读取数据源。数据源包括外界（键盘、文件、网络套接字），即是将数据源读入程序的通信通道。接收数据的时间是不可控的，因此要启用子线程解决处理，主要语句为

```
byte[] buffer = new byte[1024];
InputStream mmInStream = null;
mmInStream = socket.getInputStream();        //返回此套接字的输入流
mmInStream.read(buffer)
```
getInputStream()输入流就是从这个 Socket 通道里面读数据。

3) 输出流(OutpuStream)

程序向输出流写入数据。将程序中的数据输出到外界(显示器、打印机、文件、网络套接字)的通信通道。发送数据的时间是可控的,因此不需要开辟新线程处理。其主要语句:

```
OutputStream os = socket.getOutputStream();  //返回此套接字的输出流
os.write(msg.getBytes());
```
getOutputStream()输出流就是像这个 Socket 通道写数据

(3) 多线程 UI 处理说明

程序定义了 Handler 的实例 LinkDetectedHandler,负责 UI 显示子线程数据。在子线程中定义消息实例装载数据:

```
Message msg = new Message();
msg.what = 0;
msg.obj = "显示内容";
```

程序中,what=0;表示 Handler 实例在 UI 上显示的消息内容为提示信息,what=1;表示 Handler 实例在 UI 上显示的消息内容为通过 InputStream()读取的蓝牙数据。以后的项目随着功能的变化和扩大,what 值还可以有更多的不同。what 只能赋值为整形数,可以为十进制,也可为 0x 的十六进制的数值。

项目下载到手机后,运行情况如图 5-2 所示。

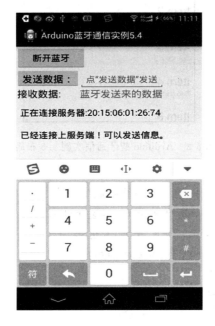

图 5-2　Arduino 蓝牙通信实例 5.4 运行界面

此 Arduino 蓝牙通信实例 5.4 软件与第 4 章 Arduino 软串口接蓝牙点亮 LED 灯电路配合使用,先将 Arduino 软串口接蓝牙点亮 LED 灯电路连接好并上电后,再启动 Arduino 蓝牙通信实例5.4软件,选择蓝牙设备,就可以进入如上界面。发送"1",单击按钮"发送数据",此时,面包板上的LED灯会亮起,发送"0",面包板上的LED灯会熄灭。

5.5 拓展训练

新建"Arduino蓝牙通信实例5.5"Android项目,可将"Arduino蓝牙通信实例5.4"项目的相关文件复制完成,建议将包路径修改为"com.example.arduinoPE55"。

(1) 设计布局如图5-3所示。

"亮灯" Button Android:id = "@ + id/btn_msg_send1"

"关灯" Button Android:id = "@ + id/btn_msg_send0"

"断开蓝牙"按钮和ListView控件与之前的相同。另保留定义一个"读数据流信息"的TextView Android:id = "@ + id/msg_3TXT",供以后使用。

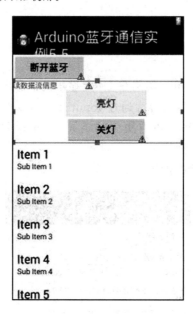

图5-3 Arduino蓝牙通信实例5.5布局图

(2) 类程序修改完善

修改完善对按钮的监听程序,在init()类函数中完成。

```
sendButton1 = (Button)findViewById(R.id.btn_msg_send1);      //开灯
sendButton0 = (Button)findViewById(R.id.btn_msg_send0);      //关灯
sendButton1.setOnClickListener(new OnClickListener() {
            @Override
            public void onClick(View arg0) {
    msgText = "1";                                           //Arduino接收到字符串"1"开灯
      if (msgText.length()>0) {
    //发送数据,将数据写到数据流(Stream)管道之中,Arduino蓝牙接收
                sendMessageHandle(msgText);
```

```
                    }
                }
            };
            sendButton0.setOnClickListener(new OnClickListener() {
                @Override
                public void onClick(View arg0) {
    msgText = "0";//Arduino 接收到字符串"0"关灯
     if (msgText.length()>0) {
                        sendMessageHandle(msgText);      //发送数据,将数据写到数据
                                                           流(Stream)管道之中
                    }
                }
            }
```

(3) 将程序烧写到手机,控制 Arduino 蓝牙。

(4) 总结蓝牙通信的实现步骤和基本技术手段。

第 6 章　交通灯交互设计实验

同学们可能在现实交通中已经注意到,十字路口的红黄绿指示灯除了可以按先前规定好时间间隔循环显示之外,有时在特殊情况下,交警还可以手动让红灯或绿灯长亮,以实现特殊情况的交通疏导。

本章将按即可自动循环显示也可手动显示两种方式模拟交通灯的设计实现,交通灯由红黄绿三种颜色的灯组成,将实现交通灯的正常颜色互换的循环,并通过手机看到当前的亮灯颜色,以及在特殊情况下可以通过手机手动控制红绿灯的功能实现。

6.1　Arduino 控制交通灯基本设计

在前面项目中,已经完成了单个 LED 灯的控制实验,接下来就来做一个稍微复杂的交通灯实验,其实可以看出这个实验就是将前面单个 LED 灯的实验扩展成 3 个带颜色的 LED 灯,就可以实现模拟交通灯的实验了。完成这个实验所需的器件除了 Arduino 控制器和下载线还需要如下的器件：

红色 M5 直插 LED 灯 1 个；
黄色 M5 直插 LED 灯 1 个；
绿色 M5 直插 LED 灯 1 个；
220 Ω 电阻 3 个；
面包板 1 个；
面包板跳线 1 扎。

准备好上述器件就可以开始做实验了,可以按照上面 LED 灯闪烁的实验举一反三,下面提供参考的原理图和接线图,如图 6-1 和图 6-2 所示,使用的分别是数字 10、7、4、GND 接口。

既然是交通灯模拟实验,红黄绿三色小灯闪烁时间就要模拟真实的交通灯,使用 Arduino 的 delay() 函数来控制延时时间,相对于 C 语言就要简单许多了。

下面是一段参考程序：

```
int redled  = 10;                   //定义数字 10 接口
int yellowled = 7;                  //定义数字 7 接口
int greenled = 4;                   //定义数字 4 接口
void setup()
{
pinMode(redled, OUTPUT);            //定义红色小灯接口为输出接口
pinMode(yellowled, OUTPUT);         //定义黄色小灯接口为输出接口
pinMode(greenled, OUTPUT);          //定义绿色小灯接口为输出接口
```

}
void loop()
{
digitalWrite(redled, HIGH);   //点亮红色 LED 灯
delay(1000);   //延时 1 秒
digitalWrite(redled, LOW);   //熄灭红色 LED 灯
digitalWrite(yellowled, HIGH);   //点亮黄色 LED 灯
delay(200);   //延时 0.2 秒
digitalWrite(yellowled, LOW);   //熄灭黄色 LED 灯
digitalWrite(greenled, HIGH);   //点亮绿色 LED 灯
delay(1000);   //延时 1 秒
digitalWrite(greenled, LOW);   //熄灭绿色 LED 灯
}

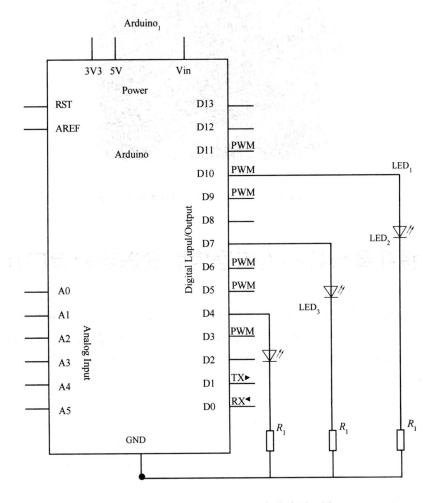

图 6-1　Arduino 控制交通灯基本设计原理图

将面包板电路图连接好，并下载程序完成，就可以看到自己设计控制的循环显示的交通灯了。

图 6-2　Arduino 控制交通灯基本设计面包板实现图

6.2　将红黄绿灯亮的信号信息发送到软串口并显示

在图 6-1 和图 6-2 基础上,再将蓝牙接到 Arduino UNO 板上。与前面的项目连接蓝牙的针稍有不同,由于图 6-2 的 10 针被红灯所占,因此,将 Arduino 的第 2、第 3 针分别设为 RXD 和 TXD,并将 Arduino 的第 2 针连接蓝牙的 TXD 针端,将第 3 针连接蓝牙的 RXD 针端。

Arduino 程序清单:

```
# include <SoftwareSerial.h>
SoftwareSerial BT(2, 3);              //设第 2 针为 RXD,设第 3 针为 TXD;定义软串口名为 BT
//将 Arduino 的第 2 针连接蓝牙的 TXD 针端,将第 3 针连接蓝牙的 RXD 针端
char val = 'n';                       //注意,字符串的表示方法为单引号,双引号就会出现编译有误
int redled = 10;                      //定义数字 10 接口
int yellowled = 7;                    //定义数字 7 接口
int greenled = 4;                     //定义数字 4 接口
void setup()
{
Serial.begin(9600);                   //注意此波特率要与蓝牙的波特率相同
```

```
BT.begin(9600);
    // BT.print("1234");
pinMode(redled, OUTPUT);             //定义红色 LED 灯接口为输出接口
pinMode(yellowled, OUTPUT);          //定义黄色 LED 灯接口为输出接口
pinMode(greenled, OUTPUT);           //定义绿色 LED 灯接口为输出接口
}
void loop()
{
digitalWrite(redled, HIGH);          //点亮红色 LED 灯
val = 'R';
softwareSerial_print(val);           //自定义子函数 softwareSerial_print
delay(1000);                         //延时 1 秒
digitalWrite(redled, LOW);           //熄灭红色 LED 灯
digitalWrite(yellowled, HIGH);       //点亮黄色 LED 灯
val = 'Y';
softwareSerial_print(val);
delay(200);                          //延时 0.2 秒
digitalWrite(yellowled, LOW);        //熄灭黄色 LED 灯
digitalWrite(greenled, HIGH);        //点亮绿色 LED 灯
val = 'G';
softwareSerial_print(val);
delay(1000);                         //延时 1 秒
digitalWrite(greenled, LOW);         //熄灭绿色 LED 灯
}
void softwareSerial_print(char vall){   //自定义子函数
    Serial.print(vall);                 //输出到串口监控器
    BT.print(vall);                     //输出到蓝牙串口
}
```

如此,就可以将正在亮灯的颜色信息输出到 Arduino 的串口监控器和软串口上,而软串口已经连接蓝牙模块,即蓝牙模块(蓝牙串口)上出现相应的数据。请在 Arduino 上自行烧写程序查看输出情况。

6.3 Android 控制交通灯程序设计

新建 Android 项目"Arduino 蓝牙通信实例 6.3",将"Arduino 蓝牙通信实例 5.5"项目程序完全复制过来,在此基础上修改完成。建议将包路径定为 com.example.arduinoPE63。

6.3.1 控制交通灯 Arduino 程序的改进

如果让 Android 能够控制 Arduino 交通灯,还需要修改 Arduino 控制程序让其可用接收蓝牙串口的控制信号。Arduino 接收蓝牙串口控制 LED 灯的程序清单。

【程序实例(PE6-1)】

```
#include <SoftwareSerial.h>
SoftwareSerial BT(2,3);                //设第 2 针为 RXD,设第 3 针为 TXD;定义软串口名为 BT
//将 Arduino 的第 2 针连接蓝牙的 TXD 针端,将第 3 针连接蓝牙的 RXD 针端
char val = 'n';                        //注意,字符串的表示方法为单引号,双引号就会出现编译有误
char aD = 'a';
int redled = 10;                       //定义数字 10 接口
int yellowled = 7;                     //定义数字 7 接口
int greenled = 4;                      //定义数字 4 接口
void setup()
{
  Serial.begin(9600);                  //注意此波特率要与蓝牙的波特率相同
  BT.begin(9600);
  // BT.print("1234");
  pinMode(redled, OUTPUT);             //定义红色 LED 灯接口为输出接口
  pinMode(yellowled, OUTPUT);          //定义黄色 LED 灯接口为输出接口
  pinMode(greenled, OUTPUT);           //定义绿色 LED 灯接口为输出接口
}
void loop()
{
    if(BT.available()) {               //软串口 BT 输出有变化
    val = BT.read();                   //读软串口数据
    Serial.print(val);                 //将软串口数据写到串口上并可以在监视器上显示
    }
    if(val == '0'){
      aD = 'a';
    }
    if(val == '1' || val == '2'){
      aD = 'D';
    }
    if(aD == 'a'){
        digitalWrite(yellowled, LOW);
        digitalWrite(greenled, LOW);
        digitalWrite(redled, LOW);
        auto1();}else{
        DIY1(val);      }
}
void softwareSerial_print(char vall){  //自定义子函数,数据写到蓝牙串口
 // Serial.print(vall);                 //输出到串口监控器
  BT.print(vall);                       //输出到蓝牙串口

}
  void DIY1(char vall){                 //手动控制交通灯的子函数
    if(vall == '1'){
```

```
    digitalWrite(yellowled, LOW);
    digitalWrite(greenled, LOW);
    digitalWrite(redled, HIGH);          //点亮红色 LED 灯
    val = 'R';                            //发送红灯亮信号到 Android 手机端并显示红灯亮信息
      softwareSerial_print(val);
  }
  if(vall == '2'){
    digitalWrite(yellowled, LOW);
    digitalWrite(greenled, HIGH);
    digitalWrite(redled, LOW);           //点亮红色 LED 灯
    val = 'G';                            //发送绿灯亮信号到 Android 手机端并显示绿灯亮信息
      softwareSerial_print(val);
  }
}
void auto1(){
   digitalWrite(redled, HIGH);           //点亮红色 LED 灯
   val = 'R';                             //发送红灯亮信号到 Android 手机端并显示红灯亮信息
   softwareSerial_print(val);            // 自定义子函数 softwareSerial_print
   delay(2000);                           //延时 1 秒
   digitalWrite(redled, LOW);            //熄灭红色 LED 灯
   digitalWrite(yellowled, HIGH);        //点亮黄色 LED 灯
   val = 'Y';                             //发送黄灯亮信号到 Android 手机端并显示黄灯亮信息
   softwareSerial_print(val);
   delay(1200);                           //延时 0.2 秒
   digitalWrite(yellowled, LOW);         //熄灭黄色 LED 灯
   digitalWrite(greenled, HIGH);         //点亮绿色 LED 灯
   val = 'G';                             //发送绿灯亮信号到 Android 手机端并显示绿灯亮信息
   softwareSerial_print(val);
   delay(3000);                           //延时 1 秒
   digitalWrite(greenled, LOW);          //熄灭绿色 LED 灯
}
```

设计了交通灯自动循环程序 auto1()子函数,接收手动控制交通灯的子函数 DIY1(char vall),当程序开始时和蓝牙串口接收到"0"数据指令,为交通灯正常循环状态,执行自动循环程序 auto1()子函数;当蓝牙串口接收到"1"和"2"数据指令,进入手动控制交通灯状态,执行手动控制交通灯的子函数 DIY1(char vall)。

将 Arduino 程序烧写到板卡,打开手机蓝牙串口助手软件,分别输入 0/1/2,查看交通灯的变化情况。

6.3.2 交通灯控制 Android 程序设计

1. 布局设计如图 6-3 所示

可在原有基础上改进设计。新改进界面布局部分的程序如下:

```xml
<LinearLayout Android:layout_width = "match_parent"
        Android:layout_height = "wrap_content" Android:id = "@ + id/linearLayout2"
    Android:orientation = "vertical">
  <TableRow Android:layout_width = "wrap_content"
        Android:layout_height = "wrap_content">
<TextView
        Android:layout_width = "wrap_content"
        Android:layout_height = "30dp"
        Android:textSize = "20dp"
        Android:layout_marginLeft = "2dp"
        Android:text = "交通灯状态:"
        />
  <TextView Android:id = "@ + id/msg_3TXT"
        Android:layout_width = "150dp"
        Android:textSize = "20dp"
        Android:layout_height = "wrap_content"
        Android:hint = "读数据流信息"/>
  </TableRow>>
  <Button Android:id = "@ + id/btn_msg_send1"
        Android:layout_width = "150dp"
        Android:layout_height = "wrap_content"
        Android:layout_marginLeft = "100dp"
        Android:background = "#D3FF93"
        Android:textColor = "#FF0000"
        Android:text = "手动控制红灯亮"/>
<Button Android:id = "@ + id/btn_msg_send2"
        Android:layout_width = "150dp"
        Android:layout_height = "wrap_content"
        Android:layout_marginLeft = "100dp"
        Android:background = "#D3FF93"
        Android:textColor = "#00BB00"
        Android:text = "手动控制绿灯亮"/>
<Button Android:id = "@ + id/btn_msg_send0"
        Android:layout_width = "150dp"
        Android:layout_height = "wrap_content"
        Android:layout_marginLeft = "100dp"
        Android:text = "关闭手动功能"/>
</LinearLayout>
```

注意:"手动控制红灯亮"的按钮名称:Button Android:id＝"@＋id/btn_msg_send1";"手动控制绿灯亮"的按钮名称:<Button Android:id＝"@＋id/btn_msg_send2";"关闭手动功能"的按钮名称:Button Android:id＝"@＋id/btn_msg_send0"。"读数据流信息"的文本名称:TextView Android:id＝"@＋id/msg_3TXT"。

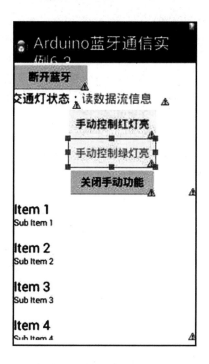

图 6-3　交通灯控制布局界面

2．BluetoothActivity 类程序的修改改进设计

（1）修改 init()类

对"手动控制红灯亮""手动控制绿灯亮"和"关闭手动功能"分别做监听处理。并通过 sendMessageHandle 函数发送相应的信号，让 Arduino 接收。修改后 init()类程序如下：

```
private void init() {
            mAdapter = new ArrayAdapter<String>(this, Android.R.layout.simple_list_
            item_1, msgList);
            mListView = (ListView) findViewById(R.id.list);
            mListView.setAdapter(mAdapter);
            mListView.setFastScrollEnabled(true);
            sendButton1 = (Button)findViewById(R.id.btn_msg_send1);    //红灯常亮
            sendButton2 = (Button)findViewById(R.id.btn_msg_send2);    //绿灯常亮
            sendButton0 = (Button)findViewById(R.id.btn_msg_send0);
                                            //关闭手动控制,回到自动循环
            //et1 = (EditText) findViewById(R.id.et1);
                                            //手机输入的数据,发到 Arduino 蓝牙的数据
            msg3_TXT = (TextView) findViewById(R.id.msg_3TXT);
                                            //蓝牙发送的数据,手机接收的数据

            sendButton1.setOnClickListener(new OnClickListener() {
                @Override
                public void onClick(View arg0) {
    msgText = "1";//Arduino 接收到字符串"1"红灯常亮
```

```java
                if(msgText.length()>0){
                    sendMessageHandle(msgText);
                                //发送数据,将数据写到数据流(Stream)管道之中,等待
                                Arduino串口(蓝牙串口)接收
                }
            }
        }
        sendButton2.setOnClickListener(new OnClickListener(){
            @Override
            public void onClick(View arg0){
                msgText = "2";                  //Arduino接收到字符串"2"绿灯常亮
                if(msgText.length()>0){
                    sendMessageHandle(msgText);
                                //发送数据,将数据写到数据流(Stream)管道之中,等待Arduino
                                串口(蓝牙串口)接收
                }
            }
        });
        sendButton0.setOnClickListener(new OnClickListener(){
            @Override
            public void onClick(View arg0){
                msgText = "0";                  //Arduino接收到字符串"0",关闭手动控制
                if(msgText.length()>0){
                    sendMessageHandle(msgText);
                                //发送数据,将数据写到数据流(Stream)管道之中
                }
            }
        });
        disconnectButton = (Button)findViewById(R.id.btn_disconnect); //断开蓝牙按钮
        disconnectButton.setOnClickListener(new OnClickListener(){    //断开蓝牙处理程序
            @Override
            public void onClick(View arg0){
                // TODO Auto-generated method stub
                if(BluetoothMsg.serviceOrCilent == BluetoothMsg.ServerOrCilent.CILENT)
                {
                    shutdownClient();
                }
                else if(BluetoothMsg.serviceOrCilent == BluetoothMsg.ServerOrCilent.SERVICE)
                {
                    shutdownServer();
                }
                BluetoothMsg.isOpen = false;
                BluetoothMsg.serviceOrCilent = BluetoothMsg.ServerOrCilent.NONE;
```

```
                    Toast.makeText(mContext,"已断开连接!", Toast.LENGTH_SHORT).show();
                }
            }
        }
```

(2) Handler 实例 LinkDetectedHandler 类的改进设计

一旦 Arduino 蓝牙串口发生变化,在 Android 端的程序就会启动从 Socket 管道读数据的线程:readThread()实例,读取的数据要在 UI 上显示,就必须使用 Handler 实例 LinkDetectedHandler。LinkDetectedHandler 类的改进如下:

```
private Handler LinkDetectedHandler = new Handler(){
//多线程 Handler 实例,将子线程的数据转到 UI
            @Override
            public void handleMessage(Message msg){
    if(msg.what == 1)                           //msg.what 只能放数字(作用可以使用来做 if 判断)
                {
        msg1 = (String)msg.obj + ".";
                    if(msg1.indexOf("R")! = -1){    //不能直接使用 msg1 = "R."这样的语句,
                                                     否则,无相等结果
        msg2 = "红灯亮";
    }
        if(msg1.indexOf("Y")! = -1){
            //msg1.indexOf("Y")表示 Y 在 msg1 中的位置,第一位序号为 0,没有结果-1
        msg2 = "黄灯亮";
        }
        if(msg1.indexOf("G")! = -1){
            msg2 = "绿灯亮";
        }
                    msgList.add((String)msg.obj);    //ListView 显示从 Arduino 蓝牙读取的数据
                    msg3_TXT.setText(msg2);          //UI 文本显示蓝牙发送的数据
                }
                if(msg.what == 0)                    //what = 0;msg.obj 存放的是提示信息
                {
                    msgList.add((String)msg.obj);
                }
                mAdapter.notifyDataSetChanged();     //ListView 刷新
                mListView.setSelection(msgList.size() - 1);      //ListView 光标定位
            }
        }
```

程序中使用了 indexOf(String str)方法,下面做一介绍:

格式:int indexOf(String str)

可返回某个指定的字符串值在字符串中首次出现的位置。序号从 0 开始!没有返回-1;方便判断和截取字符串!

(3) Android 交通灯程序运行结果

本项目只需对 init()初始化类及 Handler 实例做一些修改,就可以达到设计的目的,其他类并不要做任何改进。将 Android 项目下载到手机后，连接蓝牙，就会看到交通灯的现实状态，如图 6-4 所示的交通灯状态后面的提示信息。

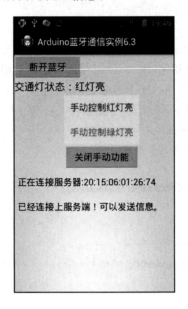

图 6-4　Android 交通灯程序运行情况

可以看到，交通灯状态后显示的文字是变化的，与 Arduino 控制的面包板上指示灯闪亮是一致的。

第7章 数码管交互设计

单片机驱动数码管设计在实际工作中是经常遇到的，Arduino 自然也不例外。因此，学习数码管 Android+Arduino 交互设计也是必不可少的一环。在 Arduino 数码管驱动设计中 1 位数码管和 4 位数码管的例程比较多见，本教程使用 2 位共阳数码管实现项目设计。

本项目可拓展为智能小车的行驶距离显示，只要掌握本项目的具体实现，拓展设计是比较容易的。

7.1 获取数码管引脚段值

7.1.1 数码管原理介绍

数码管是一种半导体发光器件，其基本单元是发光二极管。数码管按段数分为七段数码管和八段数码管，八段数码管比七段数码管多一个发光二极管单元（即多一个小数点显示），本实验所使用的是八段数码管。数码管段值表示如图 7-1 所示。

按发光二极管单元连接方式分为共阳极数码管和共阴极数码管两类。简单地说，共阴极的就是公共端接地，共阳极的就是公共端接正极。

共阳极数码管在应用时应将公共极 COM 接到 +3.3 V 或 +5 V，当某一字段发光二极管的阴极为低电平时，相应字段就点亮。当某一字段的阴极为高电平时，相应字段就不亮。共阴数码管是指将所有发光二极管的阴极接到一起形成公共阴极（COM）的数码管。共阴数码管在应用时应将公共极 COM 接到地线 GND 上，当某一字段发光二极管的阳极为高电平时，相应字段就点亮。当某一字段的阳极为低电平时，相应字段就不亮。

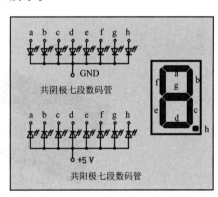

图 7-1 数码管段值表示

数码管的每一段由发光二极管组成，所以在使用时跟发光二极管一样，也要连接限流电阻，否则电流过大会烧毁发光二极管的。如果不接限流电阻可以短时间使用而不至于立即烧毁发光二极管，此时，尽量接 +3.3 V 的电源(3.3 V，已有上拉电阻故不需要在串联电阻了)，而不要接 5 V 电源。有时数码管的个别二极管会烧毁，出现缺笔画的现象，就是因为没有接限流电阻所致。所以，当有 220 Ω 或 100 Ω 的电阻时，要不怕麻烦，**尽量在每个二极管接上限流电阻，切记**！

7.1.2 区分数码管极性

区分数码管极性就是分辨数码管是共阳极还是共阴极的二极管连接方式。可以在 Arduino 上找个电源针 VDD 33 V(3.3 V,已有上拉电阻故不需要在串联电阻了)或 VDD 5 V (5 V)和 GND(接地)针,使用杜邦线将 VDD 33 V 或 VDD 5 V 和 GND 接在数码管的任意 2 个引脚上,组合有很多,但总有一个 LED 会发光的,找到一个就够了,然后 GND 不动,VDD 33 V 或 VDD 5 V 逐个碰剩下的引脚,如果有多个 LED 灯(一般是 8 个)发光,那它就是共阴极的了。相反用 VDD 33 V 或 VDD 5 V 不动,GND 逐个碰剩下的引脚,如果有多个 LED 灯(一般是 8 个)发光,那它就是共阳极的。

7.1.3 记录数码管引脚对应的段选值

现实中的数码管其引脚与段值又是如何匹配的呢,由于各个厂家的型号不同,并没有统一标准的匹配关系,这需要通过万用表或其他方式实际测量,才能知道其对应关系。

确定共阳或共阴位之后,当为共阳时,将电平位固定连接,用 GND 逐个碰剩下的引脚,得到段选 a、b、c、d、e、f、g、db 对应引脚;同样,当为共阴时,将 GND 位固定连接,用 3.3 V 或 5 V 位逐个碰剩下的引脚,也可得到段选 a、b、c、d、e、f、g、db 对应的引脚。将对应关系一一记录下来。

本设计采用两位一体共阳数码管 SM410562。其引脚有 10 个,包括高、低位的选通位(又称共阳极性位或共阴极性位)COM2、COM1;以及 a、b、c、d、e、f、g、db 八个段位。COM2、COM1 为位选信号,分别是高位和低位位选,db 是小数点段。

经过测试,数码管 SM410562 得到的结果为共阳,即 COM1 和 COM2 为高电平,段选位低电平时,数码管各段才能亮。经过试验验证,数码管 SM410562 位选和段选值标记如图 7-2 所示。

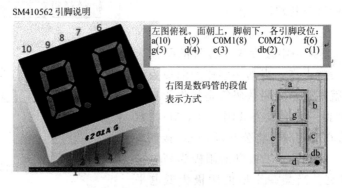

图 7-2 数码管引脚与段值对应图示

7.2 Arduino 驱动数码管电路设计

在本项目中,Arduino 引脚和数码管引脚的对应关系通过表 7-1 表示出来,可以更为清晰明白。

表 7-1 Arduino 引脚与数码管引脚电路对接表示

Arduino 引脚	数码管引脚	Arduino 引脚	数码管引脚
D4(Digital 4pin)	db(2)	D9(Digital 9pin)	g(5)
D5(Digital 5pin)	c(1)	D10(Digital 10pin)	e(3)
D6(Digital 6pin)	b(9)	D11(Digital 11pin)	d(4)
D7(Digital 7pin)	a(10)	D12(Digital 12pin)	COM1(8)
D8(Digital 8pin)	f(6)	D13(Digital 13pin)	COM2(7)

面包板硬件连接图如图 7-3 所示，数码管的上 5 针分别对应：a、b、COM1、COM2、f 段位；下 5 针分别对应：c、db、e、d、g 段位。

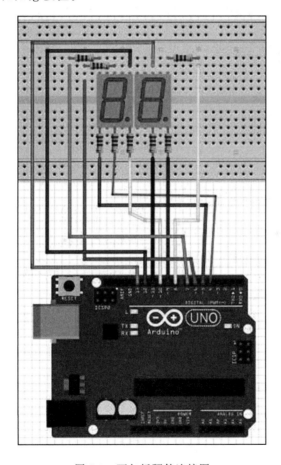

图 7-3 面包板硬件连接图

7.3 Arduino 驱动数码管程序设计

经过试验，Arduino 驱动数码管采用控制码驱动时，程序编写简单流畅，但驱动数码管发光二极管有时却亮度不够，因此，下面的程序采用直接驱动发光二极管办法。在 byte DIGITAL_DISPLAY[10][8]数组中先行定义好共阳数码管 8 段的值对应不同的数值。

7.3.1 Arduino 驱动数码管程序编写

P7-1 程序清单：

```
byte DIGITAL_DISPLAY[10][8] = {        //设置 0～9 数字所对应数组
{ 1,0,0,0,0,1,0,0 }, // = 0
{ 1,0,0,1,1,1,1,1 }, // = 1
{ 1,1,0,0,1,0,0,0 }, // = 2
{ 1,0,0,0,1,0,1,0 }, // = 3
{ 1,0,0,1,0,0,1,1 }, // = 4
{ 1,0,1,0,0,0,1,0 }, // = 5
{ 1,0,1,0,0,0,0,0 }, // = 6
{ 1,0,0,0,1,1,1,1 }, // = 7
{ 1,0,0,0,0,0,0,0 }, // = 8
{ 1,0,0,0,0,0,1,0 }  // = 9
//{ 0,1,1,1,1,1,1,1 } // = 小数点,{ 0,0,0,0,0,1,0,0 }, // = 0.(含小数)
};
#define SEL_COM1 12                    //低位公共端,12pin
#define SEL_COM2 13                    //高位公共端,13pin
unsigned char VH,VL;
int num = 0;
//定义一个 comdata 字符串变量,赋初值为空值
 String comdata = "";                  //保存读取的硬串口数据
 String comdata1 = "";                 //保存读取的软串口数据
#include <SoftwareSerial.h>
SoftwareSerial BT(2, 3);               //设 2 针为 RXD,设 3 针为 TXD;定义软串口名为 BT
//将 Arduino 的 2 针连接蓝牙的 TXD 针端,将 3 针连接蓝牙的 RXD 针端
char val = 'n';                        //注意,字符的表示方法为单引号,双引号就会出现编译有误
void setup() {
Serial.begin(9600);                    //注意此波特率要与蓝牙的波特率相同
BT.begin(9600);
for(int i = 4;i<= 13;i++){
 //设定 Arduino4-11 号数字端口为输出,分别对应数码管 a,b,c,d,e,f,g,dp;12,13 为公共端
pinMode(i, OUTPUT);
}
}
void loop() {
  //获取软串口数据
  while (BT.available()>0) {           //软串口 BT 输出有变化,读一串字符的方法
     comdata1 += char(BT.read());
  //延时一会,让串口缓存准备好下一个数字,不延时会导致数据丢失
  delay(2);
   }
```

```cpp
  //获取硬串口数据
while (Serial.available()>0){//接收串口输入多个字符即字符串的方法
   //读入之后将字符串,串接到comdata上面
comdata += char(Serial.read());
//延时一会,让串口缓存准备好下一个数字,不延时会导致数据丢失
delay(2);
 }
//显示刚才输入的字符串(可选语句)
Serial.println(comdata);
//显示刚才输入的字符串长度(可选语句)
Serial.println(comdata.length());
  if (comdata.length() > 0)             //接收串口的字符串转换为整形
    {
        num = comdata.toInt();         //在此把comdata转化成INT型数值,以备后续使用
        Serial.println(num);
        comdata = "";                  //必须在此把comdata设为空字符,否则会导致前后字符串叠加
   }
   if (comdata1.length() > 0)          //接收串口的字符串转换为整形
    {
        num = comdata1.toInt();        //在此把comdata转化成INT型数值,以备后续使用
        Serial.println(num);
        comdata1 = "";                 //必须在此把comdata设为空字符,否则会导致前后字符串叠加
    }
  VH = num/10;
  VL = num%10;
  digitalWrite(SEL_COM1,1);
  digitalWrite(SEL_COM2,0);
  LED8Show(VH);
  delay(10);
  digitalWrite(SEL_COM1,0);
  digitalWrite(SEL_COM2,1);
  LED8Show(VL);
  delay(10);
}
void LED8Show(char v){
int pin = 4;
for (int s = 0; s < 8; s++)
{
digitalWrite(pin, DIGITAL_DISPLAY[v][s]);
pin++;
}
//delay(20);
}
```

需要说明的是，首先要在 void setup()里面设置波特率，显示数值属于 Arduino 与 PC 通信，所以 Arduino 的波特率应与 PC 软件设置的相同才能显示出正确的数值，否则将会显示乱码或是不显示，在 Arduino 软件的监视窗口右下角有一个可以设置波特率的按钮，这里设置的波特率需要跟程序里 void setup()里面设置波特率相同，程序设置波特率的语句为 Serial.begin();括号中为波特率的值。其次就是串口显示数值的语句了，Serial.print();或者 Serial.println();都可以，不同的是后者显示完数值后自动回车换行，前者没有回车换行。

将程序下载到 Arduino UNO 板卡，可以在串口监控器上输入任何小于 100 的整形数，数码管就可以显示该数值。输入其他数值或字符，数码管都会显示 0 值。

拓展练习：本 Arduino 程序运行后，显示零值时，会出现"00"，小于 10 的值第一位也会显示"0"，请自行修改程序，使小于 10 的值，只显示后一位，第一位什么也不显示。

程序已经将软串口设计好：SoftwareSerial BT(2，3);设第 2 针为 RXD，设第 3 针为 TXD;定义软串口名为 BT。将 Arduino 的第 2 针连接蓝牙的 TXD 针端，将第 3 针连接蓝牙的 RXD 针端，就可以像以前一样进行蓝牙通信了。

7.3.2　Arduino 数码管驱动程序分析与编程新知识点

1. 接收串口输入多个字符即字符串的方法

之前的程序，如果仔细试验就会发现一个现象，串口接收只能是一个字符，并且返回的为 ASCII 码值。无论是软串口还是原有硬串口，均会返回单个字符，这是因为只接收了一个字符就结束了程序处理的原因。分析下面的程序。

```
if(BT.available()){          //软串口 BT 输出有变化,读一个字符的方法
    val = BT.read();         //读软串口数据,每次读一个字符,是 ASCII 码的
    Serial.print(val);       //将软串口数据写到串口上并可以在监视器上显示
}
```

或者：

```
Serial..read();
```

read()函数只表明接收一个字符，并且是 ASCII 码的字符。如果要接收多个字符，即一个字符串的时候，还要再做处理。当串口有数据，应使用 while 循环，将读到的数据串加起来，形成一个字符串，如下处理：

```
String comdata = "";
while (Serial.available()>0){
    //读入之后将字符串,串接到 comdata 上面
  comdata += char(Serial.read());
 //延时一会,让串口缓存准备好下一个数字,不延时会导致数据丢失
  delay(2);
  }
```

软串口的字符串接收处理同样完成，查看程序自行分析。

2. Arduino 数据类型转换

（1）整形数转换为字符型(int -char)的方法

例子：

```
void setup() {
  // put your setup code here, to run once:
```

```
    Serial.begin(9600);
    int number = 12;
    char string[25];
    itoa(number, string, 10);
    Serial.println(string);
    char s[] = "ababababbaabababab////";
    strcat(s, string);                    //字符拼接,相当 s = s + string
    for(char i = 0;i<25;i++){             //将 char 型数据转换为 string 型
string += s[i];
    }
    Serial.println(s);
}
```

输出结果有两行,将是:

12

ababababbaabababab////12

实现这个类型转换,主要使用 stdlib.h 中的 itoa()函数来实现。在 C 语言编译环境下,需要导入#include <stdlib.h>库,但是 Arduino IDE 中不需要进行导入库。

① 函数 itoa()原型。

char * itoa(int value, char * string, int radix);

功能:把一个整数转换为字符串。

② 原型说明。

value:欲转换的数据。

string:目标字符串的地址。

radix:转换后的进制数,可以是 10 进制、16 进制等。

(2) 将 float 型数据转换为 char 型

格式如下:

char * dtostrf(double _val,signed char_width, unsigned char _prec, char * _s)

参数说明:

_val:要转换的 float 或者 double 值。

_width:转换后整数部分长度。

_prec:转换后小数部分长度。

_s:保存到该 char 数组中。

示例:

```
float   f = 3.1415;
char    c[4];
dtostrf(f,1,2,c);
Serial.println(c);
```

(3) 将字符串转换为 INT 类型数据

Arduino 提供的方法是:string.toInt();

在本项目中,采用这个方法将接收到的串口字符串数据,转换为 Int 类型,实现程序如下:

```
int num;
if (comdata.length() > 0)
```

```
{
    num = comdata.toInt();        //在此把 comdata 转化成 INT 型数值,以备后续使用
    Serial.println(num);
    comdata = "";                 //将 comdata 置空,重新接收新字符串叠加
}
```

7.4 数码管 Android 交互设计

新建 Android 项目"Arduino 蓝牙通信实例 7.4",将"Arduino 蓝牙通信实例 6.3"项目程序完全复制过来,在此基础上修改完成。建议将包路径定为 com.example.arduinoPE74。

注意,在进行 Android 与 Arduino 蓝牙串口通信之前,要检查 Arduino 蓝牙是否连接好,按 Arduino 程序要求,将蓝牙的 RXD 与 Arduino UNO 板的 3pin(软串口的 TXD 端)相连,将蓝牙的 TXD 与 Arduino UNO 板的 2pin(软串口的 RXD 端)相连。与之前蓝牙连接相同,串口互联的关键是,一方的 RXD 与另一方的 TXD 相连,或者说,一方的 TXD 与另一方的 RXD 相连,即 RXD 与 TXD 互联对接。

数码管 Android 交互设计运行的前提,Arduino 已经烧写启动了 PE7-1 程序。

7.4.1 数码管 Android 交互设计界面布局

界面布局设计如图 7-4 所示。

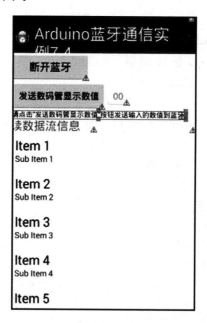

图 7-4 数码管驱动界面布局

保留原有的"断开蓝牙"按钮和 ListView 控件。为了减少编程修改,不删除"读数据流信息"文本框。设计一个按钮和可编辑文本框,具体语句如下:

```
<LinearLayout Android:layout_width = "match_parent"
    Android:layout_height = "wrap_content" Android:id = "@ + id/linearLayout2"
```

```
        Android:orientation = "vertical">
    <TableRow Android:layout_width = "wrap_content"
            Android:layout_height = "wrap_content">
<Button
            Android:id = "@ + id/bt1"
            Android:layout_width = "wrap_content"
            Android:layout_height = "wrap_content"
            Android:textSize = "15dp"
            Android:layout_marginLeft = "2dp"
            Android:text = "发送数码管显示数值"/>
    <EditText Android:id = "@ + id/et1"
            Android:layout_height = "wrap_content"
            Android:layout_width = "wrap_content"
            Android:textSize = "15dp"
            Android:hint = "00"/>
</TableRow>>
<TextView
            Android:layout_width = "wrap_content"
            Android:layout_height = "wrap_content"
            Android:textSize = "12dp"
            Android:layout_marginLeft = "2dp"
            Android:text = "请点击"发送数码管显示数值"按钮发送输入的数值到蓝牙."
            />
<TextView Android:id = "@ + id/msg_3TXT"
            Android:layout_width = "150dp"
            Android:textSize = "20dp"
            Android:layout_height = "wrap_content"
            Android:hint = "读数据流信息"/>
</LinearLayout>
```

7.4.2 数码管 Android 交互设计类修改

1. init( )类修改

将 init( )类中出现错误的控件对应语句注释。具体实现如下：

```
private void init() {
            mAdapter = new ArrayAdapter<String>(this, Android.R.layout.simple_list_item_
            1, msgList);
            mListView = (ListView) findViewById(R.id.list);
            mListView.setAdapter(mAdapter);
            mListView.setFastScrollEnabled(true);
    sendButton1 = (Button)findViewById(R.id.bt1);
            et1 = (EditText) findViewById(R.id.et1);
            //手机输入的数据,发到 Arduino 蓝牙的数据
            msg3_TXT = (TextView) findViewById(R.id.msg_3TXT);
            //蓝牙发送的数据,手机接收的数据
            sendButton1.setOnClickListener(new OnClickListener() {
```

```java
                        @Override
                        public void onClick(View arg0) {
            if(et1.length()>0){
                                sendMessageHandle(et1.getText().toString());
                                //发送数据,将数据写到数据流(Stream)管道之中,等待 Arduino 串口
                                  (蓝牙串口)接收
                            }
                        }
                    }
    disconnectButton = (Button)findViewById(R.id.btn_disconnect);            //断开蓝牙按钮
            disconnectButton.setOnClickListener(new OnClickListener() {      //断开蓝牙处理程序
                        @Override
                        public void onClick(View arg0) {
                            // TODO Auto-generated method stub
                            if (BluetoothMsg.serviceOrCilent == BluetoothMsg.ServerOrCilent.CILENT)
                            {
                                shutdownClient();
                            }
                            else if (BluetoothMsg.serviceOrCilent == BluetoothMsg.ServerOrCilent.
                            SERVICE)
                            {
                                shutdownServer();
                            }
                            BluetoothMsg.isOpen = false;
    BluetoothMsg.serviceOrCilent = BluetoothMsg.ServerOrCilent.NONE;
                                Toast.makeText(mContext, "已断开连接!", Toast.LENGTH_SHORT).show();
                        }
                    }
                }
            }
```

请对照修改即可。主要修改为 sendMessageHandle(et1.getText().toString());

将可编辑文本框中的数据提取出来转换为字符串,通过 sendMessageHandle 发送数据,将数据写到数据流(Stream)管道之中,等待 Arduino 串口(蓝牙串口)接收。

2. 其他说明

由于本项目没有从 Arduino 蓝牙串口读取数据的任务,数据流(Stream)的读线程(readThread)没有启动,因此,也没有修改 UI 显示的要求,对 Handler 实例 LinkDetectedHandler 可暂不做任何修改。在上一个项目中 LinkDetectedHandler 有对 UI 文本框 msg3_TXT 的处理,为了不对 LinkDetectedHandler 做任何修改,所以,在界面布局上保留了"读数据流信息"文本框。可查看 LinkDetectedHandler 类,有如下语句:

```
    msg3_TXT.setText(msg2);           //UI 文本显示蓝牙发送的数据
```

将 Android 程序下载到手机,输入任何小于 100 的整型数值,均可在数码管上看到输出。同时,打开 Arduino 串口监控器,也可从硬串口输入数值指挥数码管显示不同的数值。输入其他字符将显示零!

拓展训练:同学们可自行修改程序,从硬串口输入"0"值时数码管显示一个零,输入其他字符数码管什么也不显示!

第8章 温度传感器交互设计

温度传感器就是利用物质随温度变化特性的规律,把温度转换为电量的传感器。采用两种温度传感器分别实现采集温度数据。一个是模拟温度传感器LM35,另一个是数字温度传感器DS18B20。均是市场上普遍使用温度传感器,也很容易采购。

本项目的目的是通过温度传感器采集温度数据并能将温度实时地显示到手机上,本项目可采集智能小车的温度数据。

8.1 LM35温度传感器Arduino设计

LM35是很常用且易用的温度传感器元件,在元器件的应用上也只需要一个LM35元件,只利用一个模拟接口就可以,难点在于算法上的将读取的模拟值转换为实际的温度。

所需的元器件如下。

直插LM35 1个;

面包板1个;

面包板跳线1扎。

按照图8-1原理图连接电路,实际电路如图8-2所示。

面向LM35的扁平面,3个引脚的分布为:右边的引脚是电源脚,用红线连接到Arduino的5 V电源孔上,左边的引脚接地,用黑线连接到Arduino的GND孔上,中间的引脚是温度数据输出,连接到模拟信号口0(A_0)上面。下面的程序代码是从A_0读取温度值。如果不工作或读取的值超出实际温度范围,很可能是把左右引脚搞反了,可调个方向再重新连一下实验。LM35接反了引脚的正负极并不会使其发热,这一点与后面使用的DS18B20有所不同。DS18B20一旦接反正负极立即发热,很快会烧毁!

参考源程序如下:

```
int potPin = 0;                    //定义模拟接口0连接LM35温度传感器
void setup()
{
Serial.begin(9600);                //设置波特率
}
void loop()
{
int val,dat;                       //定义变量
float celsius, fahrenheit;         //定义摄氏温度和华氏温度变量
val = analogRead(0);               //读取传感器的模拟值并赋值给val
```

```
// *** 一种温度计算公式1：
//dat = (125 * val)>>8;                    //温度计算公式1
//fahrenhei = dat;
// *** 另一种温度计算公式2：
fahrenheit = (val * 0.0048828125 * 100);  //把读取到的val转换为温度数值,系数一:0.00488125 = 
                                           5/1024,0~5 V对应模拟口读数1~1024。系数二:100 = 
                                           1000/10,1000是毫伏与伏的转换;10是每10 mV对应一
                                           度温升
celsius = (fahrenheit - 32)/1.8;          //把华氏温度转换为摄氏温度
Serial.print(" Temperature = ");
//Serial.print(fahrenheit);                //输出显示华氏温度值
  Serial.print(celsius);                   //输出显示摄氏温度值
  Serial.print("~");                       //相当于显示o符号
  Serial.println("C");                     //显示字母C
  delay(500);                              //延时0.5秒
}
```

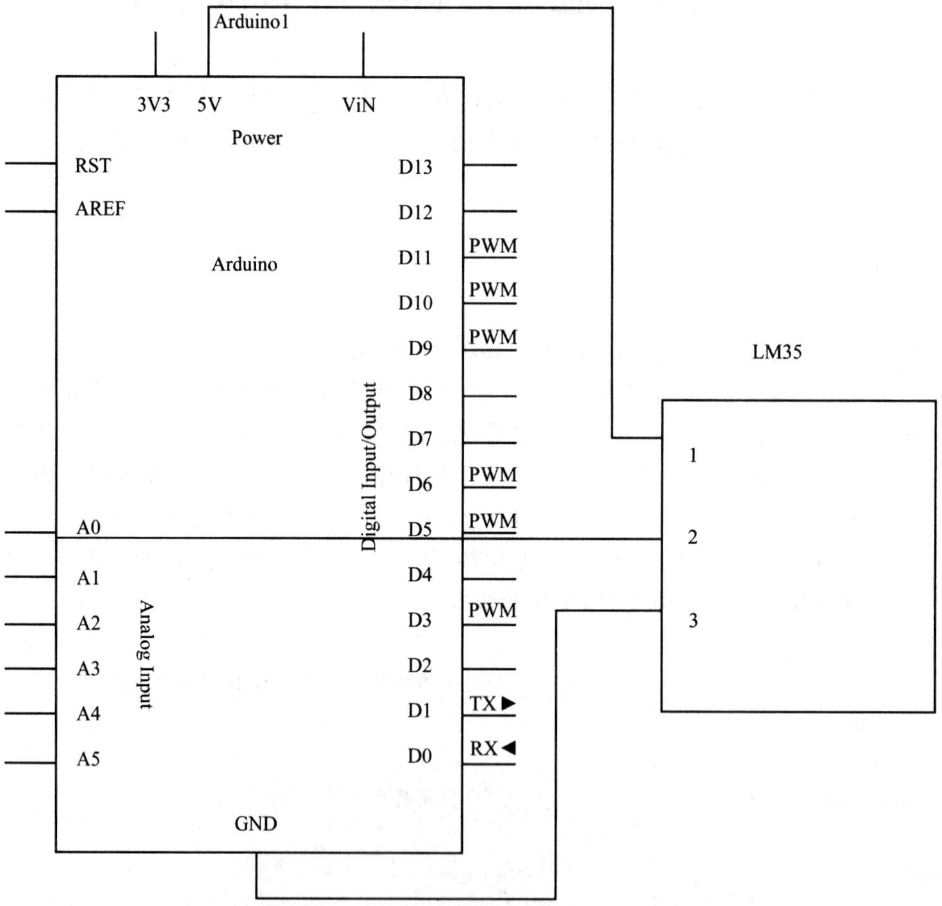

图 8-1 Arduino 连接 LM35 温度传感器电路原理图

下载完程序打开监视窗就可以看见当前的温度了,如图 8-3 所示。

第 8 章 温度传感器交互设计

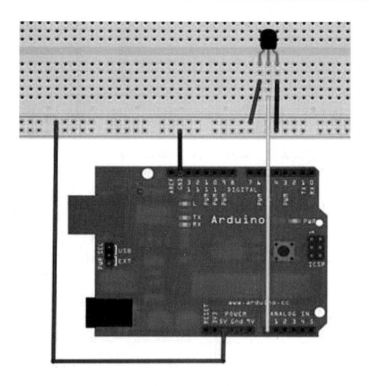

图 8-2 Arduino 连接 LM35 温度传感器实际电路图

图 8-3 串口监控器 LM35 温度传感器数据输出

LM35 只能采集零度及其以上的温度,对应零度以下温度就无能为力了。

8.2 DS18B20 数字温度传感器 Arduino 设计

DS18B20 是 DALLAS 公司一种单总线数字温度传感器,测试温度范围－55 ℃～125 ℃,自动实现 A/D 转换,直接将温度转换为串行数字信号输出,简化了硬件电路,但同时也增加了较为复杂的时序控制方式。支持多点组网功能，多个 DS18B20 可以并联在唯一的三线上，最多只能并联 8 个，实现多点测温。

DS18B20 有 64 位光刻 ROM，其前 8 位是 DS18B20 的自身代码，接下来的 48 位为连续的数字代码，最后的 8 位是对前 56 位的 CRC 校验。

8.2.1 电路设计

DS18B20 温度传感器仅通过一条总线与控制器接口相连就可以完成温度采集，接口电路如图 8-4 所示。

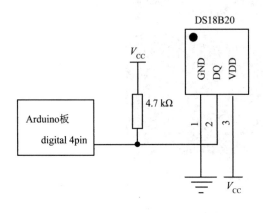

4.7 kΩ 的上拉电阻保证总线闲置时状态为高电平，如果手头没有 4.7 kΩ 电阻，最大可使用 10 kΩ 电阻替代，但不能使用低于 4 kΩ 电阻替代，否则读取的温度就会出现混乱；10 kΩ 电阻的 5 色环颜色是：棕、黑、黑、红、棕。

供电 V_{CC} 为 3.3 V 或 5 V，GND 接地，V_{DD} 引脚接供电电源 V_{CC}，DQ 为通信接口，将其连接到 Arduino 的数字端口的第 4 针上（不要接到 1 和 0 针，温度数据信息会与串口发送冲突）。

图 8-4 Arduino 连接 DS18B20 示意图

DS18B20 数字温度传感器接线方便，面对着扁平的那一面，左负（GND）右正（V_{CC}），一旦接反就会立刻发热，有可能烧毁！同时，接反也是导致该传感器总是显示 85 ℃的原因。

8.2.2 只有单总线设备库文件 OneWire.h 支持的驱动 DS18B20 程序

DS18B20 是一个单总线传感器设备，可以使用单总线设备库文件 OneWire.h 支持完成数据采集任务。将例程文件稍作修改，得到如下结果（\Android＋Arduino 交互设计\程序\Arduino 程序\PE8-1）：

```
#include <OneWire.h>
OneWire  ds(4);                  //DS18B20 数据线接口 pin 4 (a 4.7 kΩ resistor is necessary)
void setup(void) {
  Serial.begin(9600);
}
void loop(void) {
  byte i;
  byte present = 0;
  byte type_s;
  byte data[12];
  byte addr[8];
  float celsius, fahrenheit;      //定义摄氏温度和华氏温度变量
  if ( !ds.search(addr)) {
    Serial.println("No more addresses.");
    Serial.println();
```

```
    ds.reset_search();
    delay(250);
    return;
}
Serial.print("ROM = ");
for( i = 0; i < 8; i++) {
    Serial.write(' ');
    Serial.print(addr[i], HEX);
}
if (OneWire::crc8(addr, 7) != addr[7]) {
    Serial.println("CRC is not valid!");
    return;
}
Serial.println();
switch (addr[0]) {
  case 0x10:
    Serial.println("Chip = DS18S20");   //or old DS1820
    type_s = 1;
    break;
  case 0x28:
    Serial.println("Chip = DS18B20");
    type_s = 0;
    break;
  case 0x22:
    Serial.println("Chip = DS1822");
    type_s = 0;
    break;
  default:
    Serial.println("Device is not a DS18x20 family device.");
    return;
}
ds.reset();
ds.select(addr);
ds.write(0x44, 1);                      //start conversion, with parasite power on at the end
delay(1000);                            //maybe 750 ms is enough, maybe not
present = ds.reset();
ds.select(addr);
ds.write(0xBE);                         //Read Scratchpad
Serial.print("Data = ");
Serial.print(present, HEX);
Serial.print("");
for ( i = 0; i < 9; i++) {              //we need 9 bytes
    data[i] = ds.read();
    Serial.print(data[i], HEX);
```

```
      Serial.print("");
    }
    Serial.print(" CRC = ");
    Serial.print(OneWire::crc8(data, 8), HEX);
    Serial.println();
    int16_t raw = (data[1] << 8) | data[0];
    if (type_s) {
      raw = raw << 3; // 9 bit resolution default
      if (data[7] == 0x10) {
        // "count remain" gives full 12 bit resolution
        raw = (raw & 0xFFF0) + 12 - data[6];
      }
    } else {
      byte cfg = (data[4] & 0x60);
      // at lower res, the low bits are undefined, so let's zero them
      if (cfg == 0x00) raw = raw & ~7;              //9 bit resolution, 93.75 ms
      else if (cfg == 0x20) raw = raw & ~3;         //10 bit res, 187.5 ms
      else if (cfg == 0x40) raw = raw & ~1;         //11 bit res, 375 ms
      //// default is 12 bit resolution, 750 ms conversion time
    }
    celsius = (float)raw / 16.0;                    //摄氏温度
  // fahrenheit = celsius * 1.8 + 32.0;              //华氏温度
    Serial.print("Temperature = ");
    Serial.print(celsius);
    //Serial.print(" Celsius, ");
     Serial.print("~");                             //相当于显示°符号
     Serial.println("C");                           //显示字母C
    //Serial.print(fahrenheit);
    //Serial.println(" Fahrenheit");
    //lcd.print((char)223);                         //显示°符号
    //lcd.print("C");                               //显示字母C
    delay(1000);
}
```

该程序使用的 OneWire.h 库文件,并不是 Arduino 官方文件,因此,需要单独将其复制到 Arduino\libraries 文件夹下,才能进行 DS18B20 的编程开发。本教程已经准备好 OneWire 文件夹,在\Android+Arduino 交互设计\Android+Arduino 交互设计环境支撑软件\Arduino 非官方库文件\OneWire,直接将 OneWire 复制到 Arduino\libraries 文件夹下,重启 Arduino IDE 即可。该库的添加不必通过 Arduino IDE 的"项目"|"导入库"|"添加库"完成,但有些库文件必须通过导入库完成才能使用,通过导入库添加的库文件,存放的目录是在用户目录下,不在 Arduino 系统目录(Arduino\libraries 文件夹)下,再次说明,以备遗忘!

通过阅读程序,在 Arduino 串口的输出有:ROM 的地址和 ROM 中 64 位数据;还有温度输出等。一般使用的传感器所返回的 ROM 地址的前两位是 0x28,在 switch(addr[0])条件中会发现，对应不同的前两位地址，其温度的转换方式也有不同，请注意传感器不同型号可能引起的变化结果。最后，程序运行串口显示如图 8-5 所示。

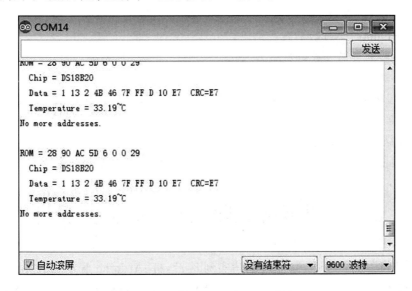

图 8-5 串口监控器 DS18B20 温度输出

可以修改程序值输出温度信息。请自行练习解决。

8.2.3 DS18B20 库文件 DallasTemperature.h 支持的程序

程序清单(PE8-2)：

```
#include <OneWire.h>
#include <DallasTemperature.h>
#define ONE_WIRE_BUS 4              //DS18B20 数据线接 Arduino 的数字 4 针
OneWire oneWire(ONE_WIRE_BUS);      //定义一个单总线设备
DallasTemperature sensors(&oneWire);//定义一个单总线设备的温度传感器。将 DS18B20 与单总
                                    //  线设备 oneWire(ONE_WIRE_BUS)连接
void setup(void)
{
  Serial.begin(9600);
  Serial.println("Dallas Temperature IC Control Library Demo");
  sensors.begin();                  //初始化库
}
void loop(void)
{
  sensors.requestTemperatures();    //发送命令获取温度
// Serial.println("DONE");          //提示已经完成读温度
  Serial.print("Temperature = ");
  Serial.print(sensors.getTempCByIndex(0));
  Serial.print("~");                //相当于显示°符号
  Serial.println("C");              //显示字母 C
}
```

添加 DS18B20 库文件 DallasTemperature 到 Arduino IDE,加入方法采用直接复制到 Arduino\libraries 文件夹下。使用 DS18B20 库文件程序得到了大大地简化,读起来也更加顺畅。

下载到 Arduino UNO 板后查看结果。

拓展练习:将温度通过数码管输出。

提示:先将数码管驱动 Arduino 程序 PE7-1 复制到一个新程序(比如:PE8-3)。由于在 PE7-1 数码管程序中,已经占用了 Arduino 的数字口 4-13,而第 4 针是驱动小数点段位的,可以修改程序把第 4 针解放出来,接 DS18B20 温度传感器。然后,将 PE8-2 温度传感器驱动程序与 PE7-1 相结合修改,改造为一个新程序。

难点:如何使数码管不闪,可以在 LED 灯显示上加一个 for 循环解决。

8.3　温度传感器 Android 交互设计

新建 Android 项目"Arduino 蓝牙通信实例 8.3",将"Arduino 蓝牙通信实例 7.4"项目程序完全复制过来,在此基础上修改完成。建议将包路径定为 com.example.arduinoPE83。

将蓝牙的 RXD 与 Arduino UNO 板的 3pin(软串口的 TXD 端)相连,将蓝牙的 TXD 与 Arduino UNO 板的 2pin(软串口的 RXD 端)相连,与之前蓝牙连接相同。温度传感器的数据线已经连接到 Arduino 的第 4 针上。

8.3.1　改造温度传感器程序具有蓝牙软串口功能

PE8-2 温度传感器程序还没有蓝牙通信功能,下面将软串口设置好,程序如下。

具有蓝牙串口通信功能的 DS18B20 温度获取程序(PE8-4):

```
#include <OneWire.h>
#include <DallasTemperature.h>
#define ONE_WIRE_BUS 4              //DS18B20 数据线接 Arduino 的数字 4 针
OneWire oneWire(ONE_WIRE_BUS);      //定义一个单总线设备
DallasTemperature sensors(&oneWire); //定义一个单总线设备的温度传感器。将 DS18B20 与单总线
                                    设备 oneWire(ONE_WIRE_BUS)连结
//定义一个 comdata 字符串变量,赋初值为空值
  String comdata = "";              //保存读取的硬串口数据
  String comdata1 = "";             //保存读取的软串口数据
  String val;
  float f;
#include <SoftwareSerial.h>
SoftwareSerial BT(2, 3);            //设第 2 针为 RXD,设第 3 针为 TXD;定义软串口名为 BT
//将 Arduino 的第 2 针连接蓝牙的 TXD 针端,将第 3 针连接蓝牙的 RXD 针端
void setup(){
  Serial.begin(9600);               //注意此波特率要与蓝牙的波特率相同
  BT.begin(9600);                   //缺少对软串口波特率的定义,Android 端也接收不到数据
  Serial.println("Dallas Temperature IC Control Library Demo");
```

```
    sensors.begin();                          //初始化库
}
void loop() {
    sensors.requestTemperatures();            //发送命令获取温度
    f = sensors.getTempCByIndex(0);
    val = "  Temperature = ";
    //BT.print(val);
    char   c[5];
  String val2 = "";
    dtostrf(f,2,2,c);                         //将 float 型数据转换为 char 型
    for(char i = 0;i<5;i++){                  //将 char 型数据转换为 string 型
        val += c[i];
        val2 += c[i];
            }
      BT.println(val2);
    //BT.print(val2);
     Serial.println(val2);
    val = val + "~" + "C";
    //BT.print(val);
   Serial.println(val);
//获取软串口数据
   if (BT.available() > 0) {comdata1 = "";}
   while (BT.available()>0) {                 //软串口 BT 输出有变化,读一串字符的方法
      comdata1 += char(BT.read());
//延时一会,让串口缓存准备好下一个数字,不延时会导致数据丢失
delay(2);
      }
   //获取硬串口数据
   if (Serial.available() > 0) {comdata = "";}
while (Serial.available()>0){                 //接收串口输入多个字符即字符串的方法
     //读入之后将字符串,串接到 comdata 上面
comdata += char(Serial.read());
//延时一会,让串口缓存准备好下一个数字,不延时会导致数据丢失
delay(2);
   }
   if(comdata1.length()>0){
Serial.println("SoftwareSerial:" + comdata1);}
  if(comdata.length()>0){
Serial.println("Serial:" + comdata);}
}
```

其实,程序中有些功能与本项目没有必然联系,同学们可以自己再简化程序。关键一步就是将温度数据写到软串口:BT.println(val2);等待 Android 通过 Socket 管道从蓝牙上读取温度数据。也可以尝试直接将浮点数温度值写到软串口,省去数据类型变换的麻烦,所有可能均可通过程序实现,请同学们自行出题目,并得到更加简便的结果。

图 8-6　Android 温度显示界面设计

8.3.2　Android 界面设计

为了简便,在复制过来的项目界面上保留原有控件,尽管有一些控件在本项目中没有作用,但为了节省修改程序,全部保留。仅在"读数据流信息"控件之前加一个文本提示信息:"当前温度:",界面如图 8-6 所示。

8.3.3　获取温度数据 Android 类设计

1. init()起始类

因为借用以前的项目程序,为了减小程序的修改幅度,对界面布局保留了一些不必要的控件,在 init()起始类可以将这些控件的响应程序注销,使其失去作用。

比如,对"发送数码管显示数值"按钮的 sendButton1.setOnClickListener(new OnClickListener()单击监听事件的覆写程序可以注销,即使按下"发送数码管显示数值"按钮也没有任何响应结果。

2. 温度数据 UI 刷新程序修改

本项目并没有对 Arduino 控制信号的发送任务,不用启动 sendMessageHandle 的子类；只是接收温度传感器的数据并在 Android 端反映出来,因此其他类并没有变化,只需对读子线程 readThread 获取蓝牙串口的温度数据在 UI 主线程上显示出来即可。其 Handler 实例重写如下:

```
private Handler LinkDetectedHandler = new Handler(){        //多线程 Handler 实例,将子线程的
                                                             数据转到 UI
        @Override
        public void handleMessage(Message msg) {
//msg3_TXT.setText(msg.what);
//msg3_TXT.setText((String)msg.obj);
String result12;
msg2 = "";
if(msg.what == = 1)                                          //msg.what 只能放数字(作用可以使
                                                             用来做 if 判断)
            {
        msg1 = (String)msg.obj;
        msg2 += msg1;
                msg3_TXT.setText(msg2);                      //UI 文本显示蓝牙发送的数据
            }
            if(msg.what == 0)                                //what = 0;msg.obj 存放的是提示信息
            {
                msgList.add((String)msg.obj);
                mAdapter.notifyDataSetChanged();   //ListView 刷新
                mListView.setSelection(msgList.size() - 1);        //ListView 光标定位
            }
        }
    }
```

这条语句我们已经十分熟悉,以后还要针对不同应用有不同的修改。运行结果如图 8-7 所示。

在此再次总结:本项目的蓝牙 Socket 通信的实现过程,在 Activity 的 onResume()事件中已经开启 Socket 通信的 ServerThread()和 clientThread()线程,在 ServerThread()和 clientThread()线程中同时也已启动从 Socket 通信管道中读取接收数据的 readThread()线程。从 Android 发送数据时,将数据写到 Socket 通信管道中,需调用 sendMessageHandle (String msg)子类(不是子线程),通过 OutputStream os = socket.getOutputStream( ); ServerThread( ) 将数据写到 Socket 通信流媒体管道中,服务器接收;Socket 通信管道中有待读数据(比如从 Arduino 串口过来的数据)时,启动客户端,readThread()线程通过 InputStream mmInStream = socket.getInputStream();返回此套程序的输入流,客户端读取数据。

至于在服务器线程、客户端线程、读线程的启联关系,可参考其他有关 Socket 的 accept()握手机制的详细介绍深入研究。

图 8-7 Android 读温度结果

8.4　Arduino 课外练习

(1) Arduino 驱动 LCD,连接电位器调节 LCD 背光效果,在 LCD 上显示温度传感器采集的温度数据。

(2) 手机 Android 显示电位器调节的相应电阻值。

第 9 章 电动机驱动交互设计

在 Arduino 的各种应用和实验中,比如,智能小车必须有电动机(motor)驱动,自控窗帘要有步进电动机的驱动等。电动机驱动是 Arduino 控制中常常用的设计之一。本项目的目的就是围绕智能小车展开教学。在此仅对能够驱动小车转轮的直流电动机应用做完整解析。如果要制作一辆智能小车或者一个机器人时,掌握驱动电动机的技巧是很重要的。

本项目的目的是,能使直流电动机实现启停转动、加速、减速等功能,并实现 Android 交互设计。可通过项目掌握 Arduino 模拟值、PWM 的应用。

9.1 直流电动机及其 Arduino 电源放大驱动介绍

电动机俗称马达(motor),有直流驱动的,也有交流驱动的,还有用汽油驱动的(航模车模)以及液压驱动的电动机(大型工业设备)。一般所指的电动机是通过电生磁原理将电路中的电能转换成机械能的装置。本节仅讨论常见的小功率直流电动机,对于工业上常用的异步交流电动机的控制,因涉及诸多电力电子技术细节超出本项目的范畴,请有兴趣的读者参考电动机学相关著作或教材。

9.1.1 Arduino 实验用小型直流电动机

直流电动机是典型的磁感效应进行工作的电动机,其结构由定子和转子两大部分组成。普通的两线制直流电动机,如图 9-1 所示,是使用最广泛的小直流电动机,就是类似廉价玩具车上用的电动机,这类型的电动机,有两个引脚,驱动方法非常简单,只需要把两个引脚用线引出来,然后接到电源的正负极就可以运转了。两个引脚正负极颠倒,转动的方向就会颠倒。

图 9-1 小型直流电动机图示

需要说明的是,电动机是较大功率的器件,它不能直接用 Arduino 的端口去驱动。一般来说,Arduino 所有端口的总电流不超过 200 mA(0.2 A),开发板中数字引脚的最大输出电流为 40 mA。而一般小电动机也往往超过 100 mA。直流电动机需要的电流要远大于 Arduino 的输出能力,如果使用 Arduino 开发板数字输入输出引脚来直接驱动电动机,将会对开发板造成非常严重的损害。因此,只能采用放大驱动的方式。

在现实应用中,可以按照电动机供电电源的电压和带负载能力要求说明,自行选择合适参数的晶体管,并以此完成驱动电路设计。且最好将此路供电电源与 Arduino 的供电电源分开,以防止电动机启停时对电源的干扰影响 Arduino 的正常工作。

但在一般应用中,都会选择合适的放大驱动芯片完成电源驱动放大电路。这样电动机的驱动芯片有 ULN2003、L293D、L298N 等,可以直接插到面包板上接线使用,也可以做成扩展板以连线固化方式方便插接,增加连线使用的可靠性。

9.1.2 直流电机驱动芯片 ULN2003 介绍

ULN2003 用来放大电流,增加驱动能力。它是高耐压、大电流达林顿晶体管阵列系列产品,由七个硅 NPN 复合晶体管组成,具有电流增益高、工作电压高、温度范围宽、带负载能力强等特点,适应于各类要求高速大功率驱动的系统。多用于单片机、智能仪表、PLC、数字量输出卡等控制电路中。可直接驱动继电器等负载。

ULN2003 工作电压高,工作电流大,灌电流可达 500 mA,并且能够在关态时承受 50 V 的电压,输出还可以在高负载电流并行运行。在 Arduino 应用中,输入 5 V TTL 电平,输出可达 500 mA/50 V。

ULN2003A 由 7 组达林顿晶体管阵列和相应的电阻网络以及钳位二极管网络构成,具有同时驱动 7 组负载的能力,为单片双极型大功率高速集成电路。ULN2003 内部结构及等效电路图如图 9-2 所示,每一路输入输出有一个二极管和一个放大晶体管组成。

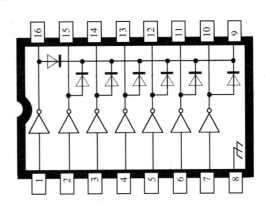

图 9-2　ULN2003 芯片引脚图(缺口在左)

ULN2003 各引脚介绍(共有 7 路输入输出)

引脚 1:CPU 脉冲输入端,对应信号输出引脚 16。

引脚 2:CPU 脉冲输入端,对应信号输出引脚 15。

引脚 3:CPU 脉冲输入端,对应信号输出引脚 14。

引脚 4:CPU 脉冲输入端,对应信号输出引脚 13。

引脚 5:CPU 脉冲输入端,对应信号输出引脚 12。

引脚 6:CPU 脉冲输入端,对应信号输出引脚 11。

引脚 7:CPU 脉冲输入端,对应信号输出引脚 10。

引脚 8:接地。

引脚 9:一般接 TTL 电源电平。该引脚是内部 7 个续流二极管负极的公共端,各二极管的正极分别接各达林顿管的集电极。用于感性负载时,该引脚接负载电源正极,实现续流作用。如果该引脚接地,实际上就是达林顿管的集电极对地接通。

ULN2003 共有 7 路输入输出,这对于驱动有多路电源信号的电动机或驱动多个设备提供了方便。比如,由于步进电动机的是多相驱动,连接步进电动机时就可以使用 ULN2003 的多路输入输出驱动。本项目的直流电动机只需要一路驱动就可以了。

9.2 采用电位器调速的直流电动机Arduino驱动设计

电位器(Potentiometer)是可调电阻器的一种。电位器是具有三个引出端、阻值可按某种变化规律调节的电阻元件。Arduino接收到的电位器的数值是一个模拟信号。在Arduino设计很多传感器的数据也是模拟数据。

下面再来学习一下模拟I/O接口的使用,Arduino有模拟0~模拟5共计6个模拟接口,这6个接口也可以算作为接口功能复用,除模拟接口功能以外,这6个接口可作为数字接口使用,编号为数字14~数字19。

9.2.1 Arduino驱动电路设计

采用电位器调速的直流电动机Arduino驱动电路包括Arduino连接电位器采集电位器模拟数据和Arduino输出数字信号经ULN2003放大驱动直流电动机。其原理图和面包板实际接线图分别如图9-3和图9-4所示。

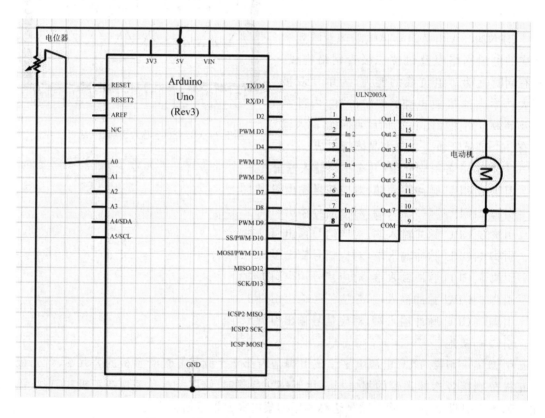

图9-3 采用电位器调速的直流电动机电路原理图

将直流电动机的一端接电源+5 V,另一端接Arduino UNO板第9针经ULN2003放大的信号。

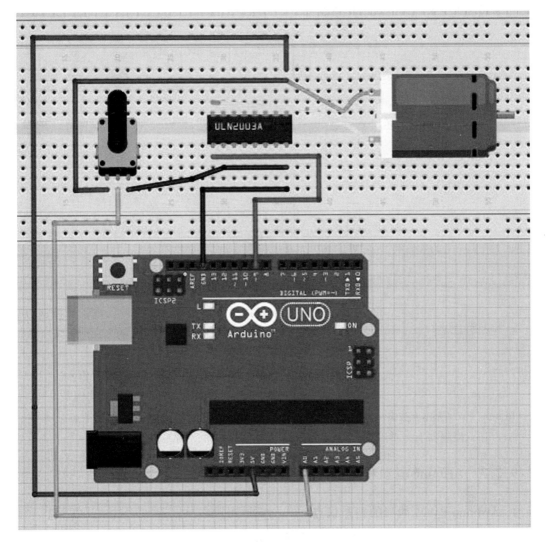

图 9-4　面包板实际接线图

9.2.2　PWM 调控模拟量

PWM(Pulse Width Modulation)脉冲宽度调制,简称脉宽调制。脉冲宽度调制(PWM)是一种对模拟信号电平进行数字编码的方法。

由于计算机不能输出模拟电压,只能输出 0 V 或 5 V 的数字电压值,通过使用高分辨率计数器,利用方波的占空比被调制的方法来对一个具体模拟信号的电平进行编码。PWM 信号仍然是数字的,因为在给定的任何时刻,满幅值的直流供电要么是 5 V(ON),要么是 0 V(OFF)。电压或电流源是以一种通(ON)或断(OFF)的重复脉冲序列被加到模拟负载上去的。通电的时候即是直流供电被加到负载上的时候,断电的时候即是供电被断开的时候。只要带宽足够,任何模拟值都可以使用 PWM 进行编码。输出的电压值是通过通电和断电的时间进行计算的,可表示为如下公式:

$$输出电压=(接通时间/脉冲时间)\times 最大电压值$$

可通过图9-5了解该公式的具体意义。

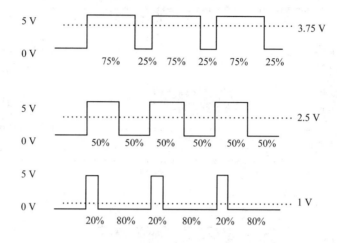

图9-5 PWM输出电压关系换算明示图

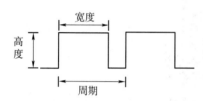

图9-6 PWM基本参数表示图

PWM被用在许多地方,调光灯具、电动机调速、声音的制作等。下面介绍一下PWM的三个基本参数,如图9-6所示。

(1)脉冲宽度变化幅度(最小值/最大值)。

(2)脉冲周期(1秒内脉冲频率个数的倒数)。

(3)电压高度(例如:0~5 V)。

Arduino控制器有6个PWM接口,分别是数字接口3、5、6、9、10、11。

9.2.3 Arduino驱动程序设计

1. Arduino PWM编程的新知识点

(1)在编写程序的过程中,用到模拟写入函数:analogWrite(PWM接口,模拟值value),参数模拟值(value)表示PWM输出的占空比,范围在0~255的区间,对应的占空比为0~100%。此函数的作用是将模拟值(PWM波)输出到引脚PWM接口。较多的应用在LED亮度控制、电动机转速控制等方面。调用analogWrite()后,该引脚将产生一个指定占空比的稳定方波,直到下一次调用analogWrite()(或在同一引脚调用digitalRead()或digitalWrite())才改变此设置。

(2)在编写程序的过程中,还用到模拟读函数analogRead();该语句就可以读出模拟口的值,Arduino UNO是10位的A/D采集,所以读取的模拟值范围是0~1 023。

(3)数据映射函数map( ),其作用是将一个在某个区间变化的变量,按照比例重新映射到另外一个区间中,形式为

long map(long value, long fromStart, long fromEnd, long toStart, long toEnd)

参数:value被重新映射的变量。fromStart为变量当前范围的开始,fromEnd为变量当前范围的结束。toStart为重映射后变量的范围开始,toEnd为重映射后变量的范围结束。

2. 程序清单(PE9-1)

在本实验中读取电位计的模拟值信号并将其赋给PWM接口9使直流电动机产生相应的

转速变化。

```
//引脚定义
const int analogInPin = A0;        //模拟输入引脚
const int analogOutPin = 9;        //PWM 输出引脚
int sensorValue = 0;               //电位器电压值
int outputValue = 0;               //模拟量输出值(PWM)
//初始化
void setup() {
  pinMode(analogInPin, INPUT);
  //反馈端口设置为输入
  Serial.begin(9600);
  pinMode(analogOutPin,OUTPUT);
}
//主循环
void loop() {
    //读取模拟量值
  sensorValue = analogRead(analogInPin);
    //变换数据区间
  outputValue = map(sensorValue, 0, 1023, 0, 255);
   //输出对应的 PWM 值
  analogWrite(analogOutPin, outputValue);   //通过电位器调节 PWM,将电位器模拟值写到 9 针
}
```

对于理解何为输入,何为输出,再说明一次。Arduino 程序(也包括其他机器的程序)的输入输出都是对 Arduino CPU 而言的,从外部端口读数据到 Arduino CPU,就是输入,相应的需要读端口语句配合;同样,写数据到外部端口,就是输出,相应的需要写端口语句配合。这当然是很基础的知识点,但在编写程序过程要保持一致的清晰认识才是关键!

9.3 Arduino 串口控制直流电动机驱动设计

实现从串口输入模拟值控制直流电动机的转速,其电路要更为简单。将图 9-4 所示的面包板接线图简化,取消电位器部分即可。这里不再给出电路原理图和面包板接线图。

9.3.1 Arduino 串口控制直流电动机转速程序设计

处理程序的目标是,从串口输入以大写的 S 打头后面紧跟数值的字符串,如:SXXXX 的方式输入,其中 XXXX 取值范围为 0～1023;将 0～1023 范围的对应数值转换为 0～255 之间模拟值,形成 PWM 占空比,驱动电动机形成转速。

只要对 PE9-1 程序略为修改即可,将从电位器取到的数值改为从串口读取,而串口读取字符串的处理程序已经在前面项目中使用过,不再陌生。

相应的程序修改为（PE9-2）：

```cpp
// //引脚定义
const int analogOutPin = 9;                    //PWM 输出引脚
int outputValue = 0;                           //模拟量输出值(PWM)
int sensorValue = 0;                           //电位器电压值
String comdata = "";
//初始化
void setup() {
//pinMode(analogInPin, INPUT);
//反馈端口设置为输入
  Serial.begin(9600);
  pinMode(analogOutPin,OUTPUT);
}
//主循环
char c = 'S';
void loop() {
  if (Serial.available()) {
      comdata = "";}
   while (Serial.available()>0){              //接收串口输入多个字符即字符串的方法
   //读入之后将字符串,串接到 comdata 上面
    comdata += char(Serial.read());
    //延时一会,让串口缓存准备好下一个数字,不延时会导致数据丢失
    delay(2);
   }
   c = comdata.charAt(0);                      //取字符串首字符
   if(c == 'S'){
      //取模拟量值
      comdata.replace('S','0');//用数"0"替换"D";   //replace(A,B)——用字符串 B 替换 A
      sensorValue = comdata.toInt();
      Serial.println(sensorValue);
      //变换数据区间
      outputValue = map(sensorValue, 0, 1023, 0, 255);
//输出对应的 PWM 值
   analogWrite(analogOutPin, outputValue);     //通过电位器调节 PWM,将电位器模拟值写到第 9 针
      }
   }
```

将程序通过 Arduino IDE 烧写到 Arduino UNO 板卡,打开串口监视器输入 S1000、S100、S0 等数据试验之,并观察电动机的转动情况。

也可将以上程序烧写到 Arduino 智能小车观看轮子的转动效果。但对小车的程序还要对相应的电动机连接电路有必要的了解,要查看智能小车提供的相应的转接控制板原理图,搞清两线电动机的两条线分别接到 Arduino 哪一个引脚,只需将 PWM 输出引脚重新定义即可,即对 const int analogOutPin = 9;语句做出正确修改。为了能够正反转,一般智能小车的电动机两极线路连接不会像实验一样,出现一极直接接电源的现象,而会将两条线都接到 Arduino 的引脚,通过相应的芯片或双 H 桥电路实现极性反转。

Arduino 串口控制直流电动机驱动程序设计完成调试之后,就可以连接蓝牙,准备完成 Android 交互设计。

9.3.2 蓝牙串口的连接步骤

关于蓝牙串口的设置,这次将改变原来使用软串口的习惯,直接将蓝牙的 RXD 与 Arduino UNO 板的 1pin(TXD 端)相连,将蓝牙的 TXD 与 Arduino UNO 板的 0pin(软 RXD 端)相连。这样连接之后,Arduino 原有串口就成为蓝牙通信串口。但正如之前已经说明的,这样连接减少了定义软串口的麻烦,但串口连接蓝牙时就不能烧写下载 Arduino 程序。只有将 Arduino 程序调试好之后,再这样连接才较为可行。如果一面调试 Arduino 程序,经常烧写加载程序,另一面又要蓝牙通信,这样的连接方法就不可行,远不如定义软串口来得方便。

从本章开始,为了与 Arduino 智能小车相一致,不再专门开辟软件串口连接蓝牙,而直接将蓝牙模块设备连接到 Arduino 的串口(硬)上。当然,如果不对串口做额外的电路补偿处理,直接将蓝牙接上串口,会影响 Arduino 的程序下载烧写,因为通过 USB 数据线下载程序也是通过 Arduino 串口实现的。Arduino 串口对应 pin0(RX)和 pin1(TX)。蓝牙引脚与 Arduino 引脚接线对应关系如下:

蓝牙模块引脚	Arduino 引脚
RX	pin1(TX)
TX	pin0(RX)
VCC	+3.3 V
GND	GND

再说明一次,一旦在串口接上蓝牙,通过串口监控器输入数据 Arduino 程序也不会接收到,只能通过蓝牙才能发送数据。如果想从串口监控器输入数据查看 Arduino 程序运行情况,必须将蓝牙从 Arduino 串口上断开!

9.3.3 电动机逆转与 H 桥驱动电路

在以上实验中,如果想要直流电动机逆转,即正反转转换,可将电动机的两个接线反接就可实现。实验中自然可以这样做,但现实却不能如此处理。必须能要一套电路自动完成反接才可行。这样的反接电路就是 H 桥驱动电路。

ULN2003 不具备 H 桥驱动电路反转能力,由于每一路是由一个晶体管放大,其驱动的电动机只能单向驱动调速。意法半导体公司(STMicroelectronics)生产的 L293D 和 L298P 两款芯片是市面上常见的 H 桥电动机驱动集成芯片,一般智能小车上也会选用这两款芯片驱动直流电动机。对 L293D 和 L298P 两款芯片内部电路的详细了解可参考相关的资料,本教程不打算深入讲解,但对 H 桥驱动电路可做必要的介绍。

除了使用已有的模块和芯片扩展电路之外,当然也可以自己动手设计 H 桥驱动电路,将直流电动机连接到电路中,如图 9-7 所示。

当 Q_1 管和 Q_4 管导通,Q_2 和 Q_3 截止时,电流从电源正极经 Q_1 从左至右流过直流电动机,然后再经 Q_4 回到电源负极,从而驱动直流电动机沿一个方向旋转。反之,当 Q_2 和 Q_3 导通,Q_1 管和 Q_4 管截止时,电流从直流电动机右边流入,从而驱动直流电动机沿另外一个方向旋转。这种驱动方式的电路和字母"H"非常相似,所以就往往被称为 H 桥驱动电路。这样类似的 H 桥组合驱动电路完全可以自行搭建,但一定要注意不能让 Q_1 和 Q_2 或者 Q_3 和 Q_4 同时导通,哪怕是较短的时间也不允许,因为这会使得电源正负极直接相连,可能损坏电源或晶体管。所以在执行使用 H 桥驱动直流电动机电路前请务必仔细检查电路和程序,以防短路。

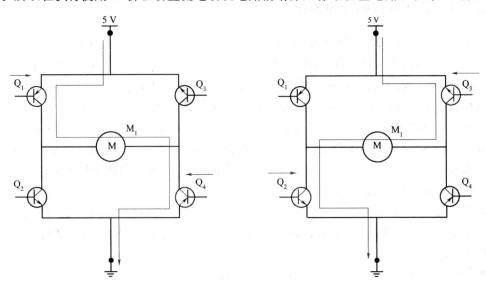

图 9-7　直流电动机 H 桥驱动电路图

对于智能小车一般是两轮驱动的,也就是对两个电动机的驱动设计。可以设计前进,也可以设计后退。当需要转向时,就一个轮子暂时停止,另一个轮子继续运动实现转向。有了一个电动机的设计能力,其余的设计也就可以独立展开深入地研究学习了。

9.4　Android 调速直流电动机交互设计

新建 Android 项目"Arduino 蓝牙通信实例 9.4",将"Arduino 蓝牙通信实例 7.4"项目程序完全复制过来,在此基础上修改完成。建议将包路径定为 com.example.arduinoPE94。

Android 设计主要完成通过拖动(滑动)条改变模拟值的量,然后将该值加上大写的"S"发送到蓝牙串口即可。程序相对比较简单。

9.4.1　界面布局

"断开蓝牙"按钮和 ListView 控件保持不变,增加一个拖动条控件,如图 9-8 所示。
主要程序语句如下:

```
<LinearLayout Android:layout_width = "match_parent"
        Android:layout_height = "wrap_content" Android:id = "@ + id/linearLayout2"
        Android:orientation = "vertical">
    <!-- 定义一个水平拖动滑动条 -->
    <SeekBar
        Android:id = "@ + id/mySeekBar"
        Android:layout_width = "fill_parent"
```

```
                Android:layout_height = "wrap_content" />
<Button
                Android:id = "@ + id/bt1"
                Android:layout_width = "wrap_content"
                Android:layout_height = "wrap_content"
                Android:textSize = "15dp"
                Android:layout_marginLeft = "2dp"
                Android:text = "发送电动机转速模拟值" />
<EditText Android:id = "@ + id/et1"
        Android:layout_height = "wrap_content"
        Android:layout_width = "wrap_content"
        Android:textSize = "15dp"
        Android:hint = ""/>
<TextView
                Android:layout_width = "wrap_content"
                Android:layout_height = "wrap_content"
                Android:textSize = "12dp"
                Android:layout_marginLeft = "2dp"
                Android:text = "请点击"发送电动机转速模拟值"按钮发送输入的数值到蓝牙." />
</LinearLayout>
```

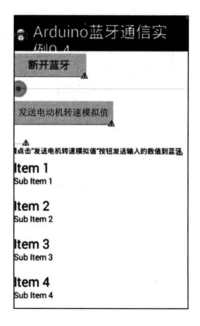

图 9-8　直流电动机调速界面布局图

9.4.2　BluetoothActivity 类设计改进

1. init( )改进

```
private void init() {
        mAdapter = new ArrayAdapter<String>(this, Android.R.layout.simple_list_item_1,
```

```java
                msgList);
            mListView = (ListView) findViewById(R.id.list);
            mListView.setAdapter(mAdapter);
            mListView.setFastScrollEnabled(true);
            sendButton1 = (Button)findViewById(R.id.bt1);
            et1 = (EditText) findViewById(R.id.et1);    //手机输入的数据,发到 Arduino 蓝牙的数据
            seek = (SeekBar) findViewById(R.id.mySeekBar);
    //设置拖动条的初始值和文本框的初始值
            seek.setMax(1024);
            seek.setProgress(1000);
            et1.setText("" + 1000);                      //在文本框上显示拖动条的值
            sendButton1.setOnClickListener(new OnClickListener() {
                @Override
                public void onClick(View arg0) {
    if (et1.length()>0) {
        msg2 = "S";                                     //大写 S 打头
        msg2 += et1.getText().toString();                //S+拖动条数值
        sendMessageHandle(msg2);
            //发送数据,将数据写到数据流(Stream)管道之中,等待 Arduino 串口(蓝牙串口)接收。
    } } }
            disconnectButton = (Button)findViewById(R.id.btn_disconnect);   //断开蓝牙按钮
            disconnectButton.setOnClickListener(new OnClickListener() {      //断开蓝牙处理程序
                @Override
                public void onClick(View arg0) {
                    //TODO Auto-generated method stub
                    if (BluetoothMsg.serviceOrCilent == BluetoothMsg.ServerOrCilent.CILENT)
                    {
                        shutdownClient();
                    }
                    else if (BluetoothMsg.serviceOrCilent == BluetoothMsg.ServerOrCilent.SERVICE)
                    {
                        shutdownServer();
                    }
                    BluetoothMsg.isOpen = false;
    BluetoothMsg.serviceOrCilent = BluetoothMsg.ServerOrCilent.NONE;
    Toast.makeText(mContext,"已断开连接!",Toast.LENGTH_SHORT).show();
                }
            }
            OnSeekBarChangeListener seekListener1 = new OnSeekBarChangeListener() {
                @Override
                public void onStopTrackingTouch(SeekBar seekBar) {
                    Log.d(TAG,"onStopTrackingTouch");             //停止拖动
                    //if (et1.length()>0) {
    //   msg2 = "S";                                                //大写 S 打头
```

```
        // msg2 += et1.getText().toString();              //S+拖动条数值
        // sendMessageHandle(msg2); }
            //发送数据,将数据写到数据流(Stream)管道之中,等待 Arduino 串口(蓝牙串口)接收。
            }
            @Override
            public void onStartTrackingTouch(SeekBar seekBar) {
                Log.d(TAG,"onStartTrackingTouch");         //启动拖动
            }
            @Override
            public void onProgressChanged(SeekBar seekBar, int progress,
                    boolean fromUser) {
                Log.d(TAG,"onProgressChanged");            //拖动条的值发生变化
                i = progress;
                et1.setText("" + i);
            }
        }
        //为拖动条绑定监听器
        seek.setOnSeekBarChangeListener(seekListener1);
    }
```

2. Android 拖动条(SeekBar)

(1) 拖动条的事件

实现 SeekBar.OnSeekBarChangeListener 接口。需要(能够)监听三个事件:

① 数值改变(onProgressChanged);

② 开始拖动(onStartTrackingTouch);

③ 停止拖动(onStopTrackingTouch)。

onStartTrackingTouch 开始拖动时触发,停止拖动前只触发一次;onProgressChanged 只要在拖动,就会重复触发。onStopTrackingTouch 停止拖动时触发。

(2) 拖动条的主要属性和方法

① setMax:设置拖动条的数值。

② setProgress:设置拖动条当前的数值。

③ setSeconddaryProgress:设置第二拖动条的数值,即当前拖动条推荐的数值。

3. Handler 实例修改

由于本项目没有从 Arduino 返回的信息要在 Android 主线程 UI 上显示,读子线程没有返回的信息,因此,对于从读线程返回的消息处理函数的.what=1 的消息内容可以忽略处理,如下面代码所示。

```
private Handler LinkDetectedHandler = new Handler() {    //多线程 Handler 实例,将子线程的数
                                                         据转到 UI
        @Override
        public void handleMessage(Message msg) {
//msg3_TXT.setText(msg.what);
//msg3_TXT.setText((String)msg.obj);
            if(msg.what == 1)                            //读子线程获得数据处理
```

```
            {   //msg2 = "";
//msg1 = (String)msg.obj;
    }
                if(msg.what == 0)                        //服务器连接等信息处理
                {
                    msgList.add((String)msg.obj);
                    mAdapter.notifyDataSetChanged();    //ListView 刷新
                    mListView.setSelection(msgList.size() - 1);        //ListView 光标定位
                }
            }
        }
```

第 10 章 舵机云台超声波测距避障交互设计

本项目的目的,将超声波模块安装到舵机的转臂上形成可左右转动的云台,通过转动舵机将超声波对准不同的方向,测量不同方向上的障碍距离,达到避障要求。为了完成这个目标,一如先前的办法,先设计 Arduino 部分的电路及程序。

10.1 舵机控制实验

10.1.1 舵机及原理

舵机(见图 10-1)是一种位置伺服的驱动器,主要是由外壳、电路板、无核心电动机、齿轮与位置检测器所构成。其工作原理是由接收机或者单片机发出信号给舵机,其内部有一个基准电路,产生周期为 20 ms,宽度为 1.5 ms 的基准信号,将获得的直流偏置电压与电位器的电压比较,获得电压差输出。经由电路板上的 IC 判断转动方向,再驱动无核心电动机开始转动,透过减速齿轮将动力传至摆臂,同时由位置检测器送回信号,判断是否已经到达定位。适用于那些需要角度不断变化并可以保持的控制系统。当电动机转速一定时,通过级联减速齿轮带动电位器旋转,使得电压差为 0,电动机停止转动。一般舵机旋转的角度范围是 0°~180°。

图 10-1 舵机实图

舵机有很多规格,但所有的舵机都有外接三根线,如图 10-2 所示,分别用棕、红、橙三种颜色进行区分,由于舵机品牌不同,颜色也会有所差异,棕色为接地线,红色为电源正极线,橙色为信号线。

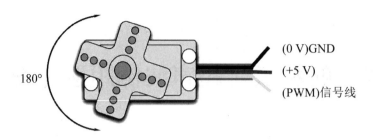

图 10-2　舵机接线图

舵机的转动的角度是通过调节 PWM(脉冲宽度调制)信号的占空比来实现的,标准 PWM (脉冲宽度调制)信号的周期固定为 20 ms(50 Hz),理论上脉宽分布应在 1～2 ms 之间,但是,事实上脉宽可由 0.5～2.5 ms 之间,脉宽和舵机的转角 0°～180°相对应。舵机 PWM 控制原理实现如图 10-3 所示。有一点值得注意的地方,由于舵机牌子不同,对于同一信号,不同牌子的舵机旋转的角度也会有所不同。

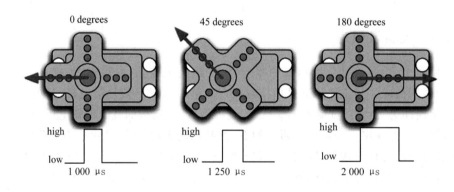

图 10-3　舵机 PWM 控制原理图

10.1.2　Arduino 舵机控制

1. 电路连接

了解了基础知识以后就可以来学习控制一个舵机了,接线如图 10-4 所示。本实验所需要的元器件很少,只需要 SG90 舵机一个、面包板跳线一扎即可。

用 Arduino 控制舵机的方法有两种,第一种是通过 Arduino 的普通数字传感器接口产生占空比不同的方波,模拟产生 PWM 信号进行舵机定位(如直流电动机的控制);第二种是直接利用 Arduino 自带的 Servo 函数进行舵机的控制,这种控制方法的优点在于程序编写,缺点是只能控制两路舵机。本项目采用第二种方式实现。

另外,Arduino 的驱动能力有限,当需要控制 1 个以上的舵机时需要外接电源。

将舵机接数字 2 接口上(手头恰有一辆 Arduino 小车,其底板电路是将舵机连接到数字 2 接口,为了实验演示方便,故将舵机接此端口)。数字 2 本身不是 PWM 接口,但 Arduino 自带的 Servo 函数能够驱动舵机转动到合适的角度。

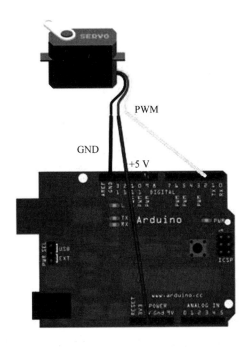

图 10-4　Arduino 舵机连接实图

2. 程序设计

编写一个程序有两个功能：一是让舵机可以自动转动角度，从 0°开始，到 180°结束，接着在从 180°开始，到 0°结束，如此循环往复。二是接收串口数据，程序要求能够判断舵机自动转动与手动转动，设定自动转动与手动转动的标志位 AD，当 AD 为"A"时，舵机自动转动，从 0°转动到 180°，之后依序返回到 0°。当 AD 为"D"时，舵机接收串口用户输入数字所对应的角度数的位置停止，并将角度打印显示到屏幕上（显示功能可自己完成）。

参考源程序（PE10-1）

```
#include <Servo.h>
Servo myservo;                      //定义舵机对象，最多8个
int pos = 0,pos_input = 0;          //定义舵机转动位置
char AD = 'A';                      //自动转到与手动转动的标志位
String comdata = "";                //接收串口输入的命令和角，输入大写 A 打头的数据转入舵
                                    //机自动转头
//输入大写 D 打头，并紧随数字的数据舵机按输入数据为角度转到该位。在串口输入 D90，舵机转到
//  90°停止
void setup()
    {
        myservo.attach(2);          //设置舵机控制针脚
        Serial.begin(9600);         //初始化串口
    }
void loop()
    {
        char k = '0';               //用于串口输出时限制一个内容多次输出的标志位
        if (Serial.available()) {
```

```
    k = '1';
comdata = "";}
while (Serial.available()>0){         //接收串口输入多个字符即字符串的方法
   //读入之后将字符串,串接到 comdata 上面
comdata += char(Serial.read());
//延时一会,让串口缓存准备好下一个数字,不延时会导致数据丢失
delay(2);
 }
if(k == '1'){                         //串口一次输入只转换一次,避免每次循环都要执行
 //Serial.println(comdata);
AD = comdata.charAt(0);               //返回字符串中第 n(当前的值是 0)个字符
//Serial.println(AD);
}
    if(AD == 'D'){
         //replace(A,B)——用字符串 B 替换 A
       comdata.replace('D','0');//用数"0"替换"D"
       pos_input = comdata.toInt();
     if(pos_input<0 || pos_input>180){pos_input = 0;}
     if(k == '1'){
       myservo.write(pos_input);      //定位到输入的角
        Serial.print("pos_input = ");
        Serial.println(pos_input);}
             }
if(AD == 'A')                         //charAt(0)返回字符串中第 0(n)个字符
   {
     // Serial.print("charAt:");
     // Serial.println(comdata.charAt(0));
     //0°~180°旋转舵机,每次延时 15 ms
     for(pos = 0; pos < 180; pos += 2)
     {
       myservo.write(pos);
       delay(15);
     }
     //180°~0°旋转舵机,每次延时 15 ms
     for(pos = 180; pos>= 1; pos - = 2)
     {
       myservo.write(pos);
       delay(15);
     }
   }
 }
```

3. 运行实验现象

下载到 Arduino 后,可以看到,舵机开始先按 0°~180°运转,然后再从 180°~0°运转。打

开 Arduino 串口监控器，输入 D90，按 Enter 键，舵机即转到 90°角的位置停下。输入任何大写 D 打头之后加数字命令，舵机即转到该数值角度位置停下。数值从 0°～180°之间，超此范围或输入其他字符，均回到 0°角。输入 A 打头的任何命令，就又回到自动循环状态。输入其他不是 A 或 D 打头的字符舵机不再转动。

10.1.3　程序中对字符串的处理和 Arduino 字符串处理函数介绍

在本程序中，对从串口接收到的字符串要进行一些处理，才能完成程序要求的功能，其中包括：

```
AD = comdata.charAt(0);            //返回字符串 comdata 中第 0 个字符
comdata.replace('D','0');          //用数"0"替换"D"
```

字符替换语句的意图是，将字符串中的 D 转换为数值零，如果该字符串 D 之后全部是数字，那么，前面加一个零，再将其转换为整数时就不会有影响，字符串转换为整形数，以前已经学习过，程序中是如下语句：

```
pos_input = comdata.toInt();
```

常用的 Arduino 字符串处理的方法罗列如下，可以查找使用（在 Android 中对字符串的处理函数也类似，可以对照实验使用）。

charAt(n)——返回字符串中第 n 个字符。

compareTo(S2)——和给的 S2 字符串比较。

concat(S2)——返回字符串和字符串 S2 合并后的新字符串。

endsWith(S2)——如果字符串是以 S2 结尾的就返回 TRUE。

equals(S2)——如果字符串和 S2 完全相符，就返回 TRUE。

equalsIgnoreCase(S2)——和 equal 一样，但是不限制大小写。

getBytes(buffer,len)——复制提供的字符长度到字节缓冲中。

indexOf(S)——返回提供的字符串的索引，如果没有就返回−1。

lastIndexOf(S)——和 indexOf()一样，但是从字符串尾部开始。

length()——返回字符串中的字符数。

replace(A,B)——用字符串 B 替换 A。

setCharAt(index,c)——把 C 存储在给定的字符串的索引位置。

startsWith(S2)——如果字符串以 S2 开始就返回 TRUE。

substring(index)——返回一个从给定索引到结尾的新的字符串。

substring(index,to)——同上，但是到给定的 to 为结束的新的字符串。

toCharArray(buffer,len)——从字符串 0 长度开始到给定的缓冲长度复制。

toInt()——返回字符串中数字为整数值。

toLowerCase()——把字符串全部转化为小写。

toUpperCase()——把字符串全部转化为大写。

trim()——返回一个去前后空格的字符串。

掌握了以上这些方法，以后在处理字符串时就会方便很多。

10.2　超声波传感器测距设计实验

10.2.1　超声波传感器测距原理

超声波发射器向某一方向发射超声波,在发射的同时开始计时,超声波在空气中传播,途中碰到障碍物就立即返回来,超声波接收器收到反射波就立即停止计时。声波在空气中的传播速度为 340 m/s,根据计时器记录的时间 t,就可以计算出发射点距障碍物的距离 s,即 $s=340 \text{ m/s} \times t \text{ s}/2$。这就是所谓的时间差测距法。

超声波传感器适用于对大幅的平面进行静止测距。普通的超声波传感器测距范围理想情况下是 2~450 cm,测距精度高达 3 mm。

使用方法及时序图(图 10-5):

(1) 使用 Arduino 采用数字引脚给 SR04 的 Trig 引脚至少 10 μs 的高电平信号,触发 SR04 模块测距功能。

(2) 触发后,模块会自动发送 8 个 40 kHz 的超声波脉冲,并自动检测是否有信号返回。这步会由模块内部自动完成。

(3) 如有信号返回,Echo 引脚会输出高电平,高电平持续的时间就是超声波从发射到返回的时间。此时,能使用 pulseIn()函数获取到测距的结果,并计算出距被测物的实际距离。

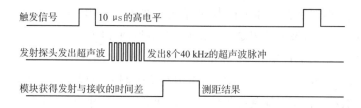

图 10-5　超声波测距时序图

普通超声波模块实样如图 10-6 所示。

图 10-6　SR04 超声波模块图

SR04 超声波传感器,有四个脚:5 V 电源脚(V_{CC}),触发控制端(Trig),接收端(Echo),地端(GND)。

10.2.2 Arduino 连接超声波模块电路设计

Arduino 连接超声波模块电路实际接线如图 10-7 所示。由于超声波模块的引脚只有两个数据信号,连接电路也很简单。Trig 和 Echo 即可接 Arduino UNO 板卡的数字位端口,也可接模拟端口。一般教程给的例子均是接数字位口的,本教程接一个模拟口的实验,这也是为了与 Arduino 小车底板相配合而做的改变。其实,同学们可以按自己已有的硬件资源做出适当的调整。掌握原理后,灵活才是开发的真正灵魂。

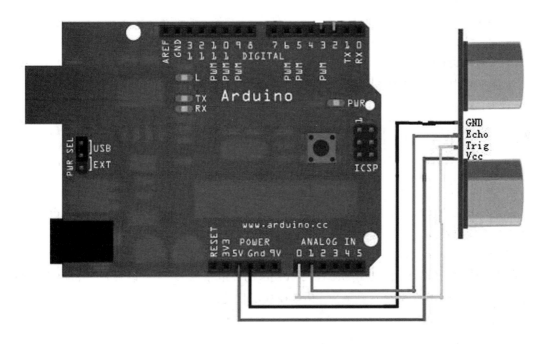

图 10-7 Arduino 超声波连接实图

分别接好电路电源(V_{CC})与地线(GND),将超声波模块的触发控制端(Trig)接到 Arduino 的模拟端口 A_0,将超声波模块的接收端(Echo)接到 Arduino 的模拟端口 A_1 脚。

10.2.3 Arduino 驱动超声波模块程序设计

本实验利用超声波测得的距离从串口中显示。程序清单(PE10-2)如下:

```
//引脚定义
const int echo = A1;              //Echo 回声脚
const int trig = A0;              //Trig 触发脚
//初始化
void setup(){
  pinMode(echo, INPUT);
  pinMode(trig, OUTPUT);
  //触发端口设置为输出,反馈端口设置为输入
```

```
    Serial.begin(9600);
}
//主循环
void loop() {
    long IntervalTime = 0;                  //定义一个时间变量
    while(1){
        digitalWrite(trig, 1);              //置高电平
        delayMicroseconds(15);              //延时 15 μs
        digitalWrite(trig, 0);              //设为低电平
        IntervalTime = pulseIn(echo, HIGH); //用自带的函数采样反馈的高电平宽度,单位为 μs
        float S = IntervalTime/58.00;       //使用浮点计算出距离,单位为 cm
        Serial.print(S);                    //通过串口输出距离数值
        Serial.println("cm");
        S = 0;IntervalTime = 0;             //对应的数值清零
        delay(1500);                        //延时间隔决定采样的频率,根据实际需要变换参数
    }
}
```

程序解读：

(1) 延时等待语句

之前使用过 delay(n)等待函数,这是延时多少毫秒的函数,而:delayMicroseconds()却是延时多少微秒的函数。

```
delayMicroseconds(15);                      //延时 15 μs
```

在超声波的工作时序中,Trig 引脚至少 10 μs 的高电平信号,才可以触发 SR04 模块测距功能。此时,延时 15 μs 完全达到触发 SR04 模块的目的。

(2) 距离计算

由反馈时间计算距离的语句中,时间与距离的关系是

```
float S = IntervalTime/58.00;
```

这样计算结果就是以厘米表示的距离。为什么除以 58 等于厘米,这是因为声音在干燥、20 ℃的空气中的传播速度大约为 344 m/s,合 34 400 cm/s。那么,距离 Y(m)与时间 X(s)的关系为

$$Y=(X\times 344)/2$$
$$X=(2\times Y)/344=0.0058\times Y \text{ 米}$$

将米换算为厘米,将秒换算为微秒,距离 Y(cm)与时间 X(μs)的关系为

$$Y=X/58$$

(3) 实验效果(图 10-8)

根据多次实验的经验,需要提醒的内容是,在用杜邦线连接超声波模块的数据信号时,由于杜邦线接头易损坏,会反复在串口监控器输出测距数据为 0.03 左右的数值,这时应更换杜邦线连接。杜邦线与面包板均是易耗品,应在多次应用后适时补充。如果输出测距数据为 0.00,则有可能是数据线接反了。如果没有输出信号,则是超声波模块的电源接地线没接好。

图 10-8　超声波测距结果

10.3　超声波测距与舵机转动联合设计调试

将超声波测距和舵机转动程序功能合并,就可以实现以舵机为云台的扫描180°范围内不同角度的障碍物,并计算和显示出相应的距离。

在分别完成超声波测距和舵机转动程序之后,将两个程序合并为一个完整的程序就比较简单了。但切记,凡复杂程序总是以简单程序合成而来的。合成并不是简单的合并,还需要做合理的设计。本程序的合成,以在舵机基础上组合超声程序为佳,因为,相对而言,超声波程序更简单,凡程序合成,以复杂程序为基础组合简单程序为基本思路。

将超声波程序定义为一个子函数,让舵机程序适时调用。其他如变量定义等也要重新调整,安排到合适的位置出现。

声波测距与舵机转动联合设计程序如下(PE10-3):

```
#include <Servo.h>
Servo myservo;                //定义舵机对象,最多8个
int pos = 0,input_pos = 0;    //定义舵机转动位置
char AD = 'A';                //自动转动与手动转动的标志位
String comdata = "";          //接收串口输入的命令和角,输入大写A打头数据转入舵机自动转头
//输入大写D打头,并紧随数字的数据舵机按输入数据为角度转到该位。如:在串口输入D90,舵机转到
  90°停止
const int echo = A1;          //Echo 回声脚(P2.0)
const int trig = A0;          //Trig 触发脚(P2.1)
void setup()
  {
  pinMode(echo, INPUT);       //超声波触发端口设置为输出,反馈端口设置为输入
    pinMode(trig, OUTPUT);
    myservo.attach(2);        //设置舵机控制针脚
```

```
    Serial.begin(9600);            //初始化串口
  }
long IntervalTime = 0;             //定义一个时间变量
float S = 0;                       //定义一个距离变量
void loop()
 {
  char k = '0';                    //用于串口输出时限制一个内容多次输出的标志位
  if (Serial.available()) {
   k = '1';
   comdata = "";
   while (Serial.available()>0){   //接收串口输入多个字符即字符串的方法
    //读入之后将字符串,串接到 comdata 上面
    comdata += char(Serial.read());
    //延时一会,让串口缓存准备好下一个数字,不延时会导致数据丢失
    delay(2);
    }
    if(k == '1'){                  //串口一次输入只转换一次,避免每次循环都要执行
     //Serial.println(comdata);
     AD = comdata.charAt(0);       //取串口输入字符串命令的第一个字符
     //Serial.println(AD);
           }
    if(AD == 'D'){
       //replace(A,B)——用字符串 B 替换 A
      comdata.replace('D','0');    //用数"0"替换"D"
      input_pos = comdata.toInt();
      if(input_pos<0 || input_pos>180){input_pos = 0;}
      if(k == '1'){
       myservo.write(input_pos);   //定位到输入的角
       Serial.print("input_pos = ");
       Serial.println(input_pos);
       ultrasonic();               //计算并显示超声波距离
      }
          }
    if(AD == 'A')                  //charAt(0)返回字符串中第 0(n)个字符
       {
       // Serial.print("charAt:");
       // Serial.println(comdata.charAt(0));
       // 0°~180°旋转舵机,每次延时 15 ms
       for(pos = 0; pos < 180; pos += 2)
        {
        myservo.write(pos);
         Serial.print("pos = ");
         Serial.println(pos);
         ultrasonic();             //计算并显示超声波距离
         delay(15);
          }
```

```
                //180°～0°旋转舵机,每次延时 15 ms
                for(pos = 180; pos >= 1; pos -= 2)
                {
                    myservo.write(pos);
                    Serial.print("pos = ");
                    Serial.println(pos);
                    ultrasonic();              //计算并显示超声波距离
                    delay(15);
                }
                }
                }
    void ultrasonic(void){                     //计算并显示超声波距离子函数
        digitalWrite(trig, LOW);
        delayMicroseconds(4);
        digitalWrite(trig, 1);                 //置高电平
        delayMicroseconds(15);                 //延时 15 μs
        digitalWrite(trig, 0);                 //设为低电平
        IntervalTime = pulseIn(echo, HIGH);    //用自带的函数采样反馈的高电平宽度,单位为 μs
        S = IntervalTime/58.00;                //使用浮点计算出距离,单位为 cm
    //if(S>0.60){
        Serial.print(S);                       //通过串口输出距离数值
        Serial.println("cm");}
        S = 0;IntervalTime = 0;                //对应的数值清零
    }
```

下载程序后,可以在串口监控器上看到在舵机自动转动情况下,在不同角度位置返回角度的同时,也返回当前角度前障碍物距离;在输入以大写打头的"D"和数字组成的字符串后,如"D90",即舵机转动 90°,返回 90°前测量到的障碍物距离,以厘米为单位计量表示。当舵机自动转动巡视测距串口输出"pos=XXX";当手动输入测距时,则串口输出:"input_p=XXX"。这些输出将为下一步 Android 设计提供判断依据,结果如图 10-9 所示。

图 10-9 超声波测距与舵机转动联合设计调试结果

10.4 Android 舵机云台超声波测距交互设计

舵机云台超声波测距在 Android 方面,要有这样的功能:从手机端选择舵机自动转动巡视超声波测距或手动输入角度数据定位超声波测距的能力;超声波测量面对的角度和该角度上测距结果在 Android 端显示给用户的能力。

新建 Android 项目"Arduino 蓝牙通信实例 10.4",将"Arduino 蓝牙通信实例 9.4"项目程序完全复制过来,在此基础上修改完成。建议将包路径定为 com.example.arduinoPE104。

10.4.1 舵机云台超声波测距 Android 界面布局

在 Arduino 设计调试结束后,就可以将蓝牙设备模块按要求连接到 Arduino 的串口上,注意两个连接设备引脚 RX 与 TX 错位相连。

依据项目输入输出要求,Android 界面布局如下,定义一个水平滑动拖动条手动选取 0°~180°的值,作为舵机转动角度的值,xml 文件实现如下语句:

```
<!-- 定义一个水平拖动条 -->
    <SeekBar
        Android:id = "@ + id/mySeekBar"
        Android:layout_width = "fill_parent"
        Android:layout_height = "wrap_content" />
```

相应要有一个按钮实现一个单击监听将手动输入的值发送出去。另外,还应有一个显示拖动条值的文本框,以及其他控件。可在原有项目的布局基础上修改增加控件实现。主要控件布局如下(XML 语句):

```
<LinearLayout Android:layout_width = "match_parent"
        Android:layout_height = "wrap_content" Android:id = "@ + id/linearLayout2"
        Android:orientation = "vertical">
    <!-- 定义一个水平拖动滑动条 -->
        <SeekBar
        Android:id = "@ + id/mySeekBar"
        Android:layout_width = "fill_parent"
        Android:layout_height = "wrap_content" />
<Button
            Android:id = "@ + id/bt1"
            Android:layout_width = "wrap_content"
            Android:layout_height = "wrap_content"
            Android:textSize = "15dp"
            Android:layout_marginLeft = "2dp"
            Android:text = "发送超声波角度(定位测距)" />
    <EditText Android:id = "@ + id/et1"
            Android:layout_height = "wrap_content"
            Android:layout_width = "wrap_content"
            Android:textSize = "15dp"
```

```xml
        Android:hint = ""/>
    <TextView
            Android:layout_width = "wrap_content"
            Android:layout_height = "wrap_content"
            Android:textSize = "12dp"
            Android:layout_marginLeft = "2dp"
            Android:text = "请点击"发送超声波角度"按钮发送输入数值到蓝牙" />
    <Button
            Android:id = "@ + id/bt2"
            Android:layout_width = "wrap_content"
            Android:layout_height = "wrap_content"
            Android:textSize = "15dp"
            Android:layout_gravity = "center"
            Android:layout_marginLeft = "2dp"
            Android:text = "舵机自动转动超声波测距" />
<TableRow Android:layout_width = "wrap_content"
            Android:layout_height = "wrap_content">
    <TextView
        Android:id = "@ + id/msg_1TXT"
            Android:layout_width = "wrap_content"
            Android:textSize = "20dp"
            Android:layout_height = "wrap_content"
            Android:text = "超声波角度:"/>
    <TextView Android:id = "@ + id/msg_3TXT"
            Android:layout_width = "170dp"
            Android:textSize = "20dp"
            Android:layout_height = "wrap_content"
            Android:hint = "读数据流信息"/>
</TableRow>
<TableRow Android:layout_width = "wrap_content"
            Android:layout_height = "wrap_content">
    <TextView
        Android:id = "@ + id/msg_2TXT"
            Android:layout_width = "wrap_content"
            Android:textSize = "20dp"
            Android:layout_height = "wrap_content"
            Android:text = "超声波测距:"/>
    <TextView Android:id = "@ + id/msg_4TXT"
            Android:layout_width = "wrap_content"
            Android:textSize = "20dp"
            Android:layout_height = "wrap_content"
            Android:hint = "读数据流信息"/>
</TableRow>
</LinearLayout>
```

其整体界面如下(图 10-10):

其中,ListView 控件继续保留,"断开蓝牙"按钮也要保留,并继续各自占用一个独立的 LinearLayout 控件容器。

10.4.2 BluetoothActivity 类设计改进(1)

一如前面的项目,舵机云台超声波测距 Android 设计主要是对 BluetoothActivity 类进行设计改进。而对 BluetoothActivity 类的改进主要围绕其中的初始设置类 init()和线程数据输出 Handler 实例 LinkDetectedHandler 进行,其他部分则几乎无须改动。

这一节仅对 init()程序设计与分析。

图 10-10 舵机云台超声波测距 Android 界面布局图示

完整代码如下:

```
private void init() {
    mAdapter = new ArrayAdapter<String>(this, Android.R.layout.simple_list_item_1, msgList);
    mListView = (ListView) findViewById(R.id.list);
    mListView.setAdapter(mAdapter);
    mListView.setFastScrollEnabled(true);
    sendButton1 = (Button)findViewById(R.id.bt1);
    sendButton2 = (Button)findViewById(R.id.bt2);
    et1 = (EditText) findViewById(R.id.et1);              //手机输入的数据,发到 Arduino 蓝牙的数据
    msg3_TXT = (TextView) findViewById(R.id.msg_3TXT);
                                                          //蓝牙发送的数据,手机接收的数据-超声波角度
    msg4_TXT = (TextView) findViewById(R.id.msg_4TXT);
                                                          //蓝牙发送的数据,手机接收的数据-超声波测距
    seek = (SeekBar) findViewById(R.id.mySeekBar);
    //设置拖动条的初始值和文本框的初始值
    seek.setMax(180);
    seek.setProgress(60);
    i = -(60 - 180);                                      //依据舵机安装方向取值
    et1.setText("" + i);                                  //在文本框上显示拖动条的值
    sendButton1.setOnClickListener(new OnClickListener() {
        @Override
        public void onClick(View arg0) {
            if (et1.length()>0) {
                msg2 = "D";
                msg2 += et1.getText().toString();
                sendMessageHandle(msg2);                  //"D"为手动超声波测距标志位
                //发送数据,将数据写到数据流(Stream)管道之中,等待 Arduino 串口(蓝牙串口)接收
            }
        }
    });
    sendButton2.setOnClickListener(new OnClickListener() {
```

```java
            @Override
            public void onClick(View arg0) {
                sendMessageHandle("A");              //"A"为舵机自动转动超声波测距标志位
                //发送数据,将数据写到数据流(Stream)管道之中,等待 Arduino 串口(蓝牙串口)接收
            }
        }
        disconnectButton = (Button)findViewById(R.id.btn_disconnect);    //断开蓝牙按钮
        disconnectButton.setOnClickListener(new OnClickListener() {      //断开蓝牙处理程序
            @Override
            public void onClick(View arg0) {
                if (BluetoothMsg.serviceOrCilent == BluetoothMsg.ServerOrCilent.CILENT)
                {
                    shutdownClient();
                }
                else if (BluetoothMsg.serviceOrCilent == BluetoothMsg.ServerOrCilent.SERVICE)
                {
                    shutdownServer();
                }
                BluetoothMsg.isOpen = false;
                BluetoothMsg.serviceOrCilent = BluetoothMsg.ServerOrCilent.NONE;
                Toast.makeText(mContext,"已断开连接!", Toast.LENGTH_SHORT).show();
            }
        });
        OnSeekBarChangeListener seekListener1 = new OnSeekBarChangeListener() {

            @Override
            public void onStopTrackingTouch(SeekBar seekBar) {
                Log.i(TAG,"onStopTrackingTouch");
            }

            @Override
            public void onStartTrackingTouch(SeekBar seekBar) {
                Log.i(TAG,"onStartTrackingTouch");
            }
            @Override
            public void onProgressChanged(SeekBar seekBar, int progress,
                    boolean fromUser) {
                Log.i(TAG,"onProgressChanged");
                i = -(progress - 180);
                et1.setText("" + i);
            }
        }
        //为拖动条绑定监听器
```

```
            seek.setOnSeekBarChangeListener(seekListener1);
        }
```

程序处理的大多语句应当不再陌生,前面章节已有多次阅读,程序设计过程需要变量定义时自行在合适的位置,可在程序最前面予以准确定义,一般 eclipse 会给出准确的提示。Android 拖动条(SeekBar)也在第 9 章中有说明。

10.4.3　BluetoothActivity 类设计改进(2)

Android 舵机云台超声波测距交互设 BluetoothActivity 类设计改进的另一个重要任务,就是对线程数据输出 Handler 实例 LinkDetectedHandler 语句的重新设计。

1. 完整代码

```
private Handler LinkDetectedHandler = new Handler(){       //多线程 Handler 实例
            @Override
            public void handleMessage(Message msg){
    if(msg.what == 1)                                       //msg.what 只能放数字(作用可以使用来
                                                             做 if 判断)
                { msg2 = "";
       msg1 = (String)msg.obj;
    if(msg1.indexOf((char)0x0a)!= -1){                      //字符串中含有回车符
        if(msg1.lastIndexOf("_p")> -1){                     //Arduino 串口输出"input_p = ",手动输
                                                             入角度后的测距结果
           msg3_TXT.setText("");
                        }
        if(msg1.lastIndexOf("pos = ")> -1){                 //Arduino 串口输出"pos = "
            msg1 = msg1.substring(4 + msg1.indexOf("pos = "));
                                                            //取"pos = "后面的数值,自动转动测距结果
            msg2 += msg1;
            msg2 = msg2.trim();                             //去掉首尾空格
            msg2 += "度";
            msg3_TXT.setText("");
                    msg3_TXT.setText(msg2);                 //超声波角度显示
        }
    if(msg1.lastIndexOf("cm")> -1){                         //Arduino 串口输出测距结果
                msg2 = "";
                msg1 = msg1.substring(0,msg1.lastIndexOf("cm"));     //取"pos = "后面的数值
                msg2 += msg1;
                msg2 = msg2.trim();
                msg4_TXT.setText(msg2 + "厘米");            //超声波测距显示
            }
        } //字符串中含有回车符函数结束
      }
            if(msg.what == 0)                              //what = 0;msg.obj 存放的是提示信息
            {
```

```
                msgList.add((String)msg.obj);
                mAdapter.notifyDataSetChanged();                    //ListView 刷新
                mListView.setSelection(msgList.size() - 1);         //ListView 光标定位
            }
        }
    };
```

2．程序分析

子线程将从蓝牙串口读取的数据按需要在 UI 界面输出，要有 Handler 的支持。在这个 Handler 实例中，主要对返回的数据进行了三种判断。

(1) 对从 Arduino 串口输出的数据判定是否含有"_p"字符串，"_p"是"input_p="的一部分，也可使用其他部分判断，如果含有该字符串，表示接收到的是手动舵机角度，那么该角度已经在界面上的拖动条中，故不用显示。

(2) 对从 Arduino 串口输出的数据判定是否含有"pos="字符串，如果含有该字符串，表示接收到的是舵机自动转动角度，要在界面上通过文本框控件显示。

(3) 对从 Arduino 串口输出的数据判定是否含有"cm"字符串，如果含有该字符串，表示接收到的是超声波测距的结果，也要在界面上通过文本框控件显示出来。

(4) 对读子线程返回的信息，即蓝牙串口获得数据进行处理之前，还需判断该数据是否含有回车符。如果有则分析处理，如：if(msg1.indexOf((char)0x0a)！=-1);0x0a 是回车符的 ASCII 码值。如果没有这个判断，很可能处理处理混乱的局面，可自行试验。

(5) 本语句主要是对字符串的处理，Android 字符串处理方法(函数)与前面介绍的 Arduino 字符串处理方法(函数)没什么不同，也可自行实验，以改变现在的字符串处理方法用其他字符串处理方法代替实验。因为，编程实现的路有无数条，开辟属于自己的一条路才是年青人应有的精神。

3．Android 运行结果

将 Android 程序项目下载到手机，通过手机配置功能，打开蓝牙功能，搜索到 Arduino 蓝牙设备进行配对之后，进行该项目的 App。连接好已经配对的蓝牙设备，出现如下结果(图 10-11)：

可以拖动滑条选择 0°～180°之间的角度值，单击"发送超声波角度(定位测距)"按钮，可获得该角度的超声波测距结果；单击"舵机自动转动超声波测距"按钮，舵机会自动转动，并发回不同角度所对应的超声波测距结果数据。

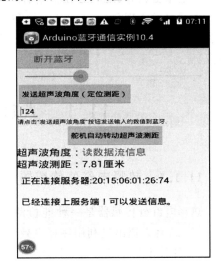

图 10-11　舵机云台超声波测距 App 应用

第 11 章　Android 网络远程控制 Arduino（无 WiFi 模块）

本章的内容是在局域网下实现的,如果要在广域网下运行,就必须拥有公网 IP,具体情况说明见本章的最后一节。

Android 通过网络远程控制 Arduino,可基于 Arduino 有无 WiFi 模块有两种解决方案。第一种是 Arduino 无 WiFi 模块的方案,将 PC 作为服务器直接与 Arduino 串口相连,通过 PC 服务器的串口控制 Arduino 串口,移动 Android 通过网络与 PC 服务器连接实现远程网络控制;第二种是比较完善的方案,Arduino 增加 WiFi 扩展板(比如 ESP8266 串口 WiFi 扩展板),实现串口 WiFi,其他方面与第一种完全相同。本章先对无 WiFi 扩展板的 Arduino 进行设计,下一章再增加串口 WiFi 扩展板设备完成另一个项目。无论 Arduino 是否使用 WiFi 扩展板模块,Android 通过网络(局域网或互联网)远程与 Arduino 通信,都必须由服务器做桥梁,或建立本地服务器,或建立远程服务器。

本项目的实现目标:Arduino 检测周围是否有人,有人点亮红灯,无人红灯熄灭。Android 通过设置 WiFi 功能,连接 WiFi 网络,看到 Arduino 检测结果,并能够主动指挥红灯的亮灭效果。

11.1　人体热释电红外传感器

11.1.1　热释电红外传感器应用与原理介绍

热释电红外传感器是一种能检测人或动物发射的红外线而输出电信号的传感器。早在 1938 年,就有人提出过利用热释电效应探测红外辐射,但并未受到重视,直到六十年代,随着激光、红外技术的迅速发展,才推动了对热释电效应的研究和对热释电晶体的应用。热释电晶体已广泛用于红外光谱仪、红外遥感以及热辐射探测器,它可以作为红外激光的一种较理想的探测器。它的目标正在被广泛地应用到各种自动化控制装置中。除了在人们熟知的楼道自动开关、防盗报警上得到应用外,在更多的领域应用前景被看好。比如:在房间无人时会自动停机的空调、饮水机;电视机能判断无人观看或观众已经睡觉后自动关机;开启监视器或自动门铃上的应用,结合摄影机或数码照相机自动记录动物或人的活动等。可以根据自己的奇思妙想,结合其他电路开发出更加优秀的新产品或自动化控制装置。

人体热释电红外原理:人体都有恒定的体温,一般在 37 ℃左右,所以会发出特定波长 10 μm 左右的红外线,被动式红外探头就是靠探测人体发射的 10 μm 左右的红外线而进行工作的。人体发射的 10 μm 左右的红外线通过菲涅尔滤光片增强后聚集到红外感应源上。红外感应源通常采用热释电元件,这种元件在接收到人体红外辐射温度发生变化时就会失去电荷平衡,向外释放电荷,后续电路经检测处理后就能产生报警信号。所以,红外探测基本概念是感应移动物体温度与背景物体温度的差异。

11.1.2 菲涅尔透镜

根据菲涅尔原理制成,菲涅尔透镜分为折射式和反射式两种形式,其作用一是聚焦作用,将热释的红外信号折射(反射)在 PIR 上;二是将检测区内分为若干个明区和暗区,使进入检测区的移动物体能以温度变化的形式在 PIR 上产生变化热释红外信号,这样 PIR 就能产生变化电信号。使热释电人体红外传感器(PIR)灵敏度大大增加。

11.1.3 人体热释电红外传感器模块

人体热释电红外传感器基本原理是检测人或者动物发出的红外线并用经过菲涅尔滤光片增强后聚集到红外感应源上,将感应的红外信号转化为电信号。本实验利用人体红外传感器(实体模块如图 11-1 所示)检测人或者动物运动发出的红外线,发出警报。

图 11-1　人体红外传感器实体图

传感器 3 个引脚的顺序分别为 GND、OUT、VCC(取下白色透镜便可看到定义引脚的丝印)。

1. 人体热释电红外传感器模块特性

(1) 这种探头是以探测人体辐射为目标的。所以热释电元件对波长为 $10~\mu m$ 左右的红外辐射必须非常敏感。

(2) 为了仅仅对人体的红外辐射敏感,在它的辐射照面通常覆盖有特殊的菲涅尔滤光片,使环境的干扰受到明显的控制作用。

(3) 被动红外探头,其传感器包含两个互相串联或并联的热释电元。而且制成的两个电极化方向正好相反,环境背景辐射对两个热释元件几乎具有相同的作用,使其产生释电效应相互抵消,于是探测器无信号输出。

(4) 一旦人侵入探测区域内,人体红外辐射通过部分镜面聚焦,并被热释电元接收,但是两片热释电元接收到的热量不同,热释电也不同,不能抵消,经信号处理而报警。

(5) 菲涅尔滤光片根据性能要求不同,具有不同的焦距(感应距离),从而产生不同的监控视场,视场越多,控制越严密。

2. 人体热释电红外传感器触发方式

红外传感器触发方式有两种,分别是 L 不可重复和 H 可重复。可跳线选择,如图 11-2 所示,默认为 H。

(1) 不可重复触发方式:即感应输出高电平后,延时时间一结束,输出将自动从高电平变为低电平。

(2) 可重复触发方式:即感应输出高电平后,在延时时间段内,如果有人体在其感应范围内活动,其输出将一直保持高电平,直到人离开后才延时将高电平变为低电平(感应模块检测到人体的每一次活动后会自动顺延一个延时时间段,并且以最后一次活动的时间为延时时间的起始点)。

图 11-2　触发跳线选择

3. 人体热释电红外传感器可调封锁时间及检测距离调节

(1) 调节封锁时间:感应模块在每一次感应输出后(高电平变为低电平),可以紧跟着设置一个封锁时间,在此时间段内感应器不接收任何感应信号。此功能可以实现(感应输出时间和封锁时间)两者的间隔工作,可应用于间隔探测产品;同时此功能可有效抑制负载切换过程中产生的各种干扰(默认封锁时间 2.5 s)。

(2) 调节检测距离,如图 11-3 所示。

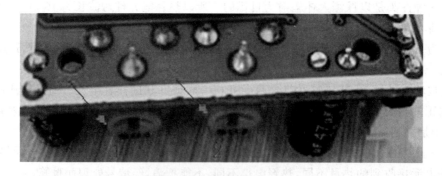

图 11-3　调节封锁时间和调节检测距离按钮

11.2 Arduino 人体红外报警系统设计

11.2.1 人体红外报警电路设计

除了连接人体红外传感器之外,再接一个红灯指示即可,如图 11-4 所示。如果在实验中 LED 灯亮度不够,可以取消限流电阻,直接将 LED 灯的引脚接到电源 $V_{\rm CC}$。

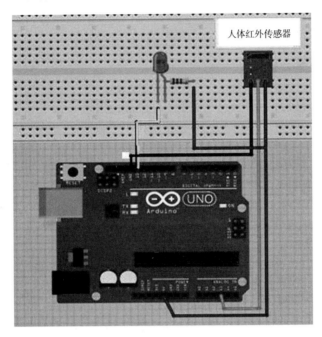

图 11-4 人体红外报警电路连线图

红外传感器的感应信号会返回模拟数值,故将其 OUT 引脚接到 Arduino 的模拟口上。

11.2.2 人体红外报警 Arduino 程序设计

人体红外报警的程序本身极其简单,只需执行模拟数值输入函数:analogRead (analogPin);即可从模拟口读到红外传感器的相应数值。当可侦测的范围内没有人体红外辐射温度(热释电)变化时返回的数值较小,当有人体红外辐射温度(热释电)变化时返回的数值较大,当返回的数值大于 100 时,判断有人在活动。当然,此值可以实验调试直到找到合适的值。

为了实现项目提出的不仅返回人体红外报警信号,还要能够从串口输入控制信号控制 LED 灯亮和灭,因此,还要加入基本的判断处理。程序代码(PE11-1)如下:

```
int LEDPin = 13;              //人体感应 LED 灯的引脚
int analogPin = 3;            //人体感应电位器(中间的引脚)连接到模拟输入引脚 3
int buttonState = LOW;        //人体感应读取的当前按键状态
void setup()
```

```
{
    //声明引脚为输入模式
    pinMode(analogPin,INPUT);
    pinMode(LEDPin,OUTPUT);
    Serial.begin(9600);
}
char A_D = 'A';                                    //区别执行人体红外自动检测和远程控制红灯
void loop()
{
    if (Serial.available()) {
            A_D = Serial.read();
                }
    digitalWrite(LEDPin, LOW);
    if(A_D == '1'){                                //远程指挥
      digitalWrite(LEDPin, HIGH);                  //红灯亮
      delay(100);
     }
    if(A_D == '0'){                                //远程指挥
      digitalWrite(LEDPin, LOW);                   //红灯亮
      }
    if(A_D == 'A'){                                //人体红外检测处理程序
    //人体感应处理
      buttonState = analogRead(analogPin);         //从输入引脚读取数值
    //注意,人体红外传感器读取间隔默认2.5秒
    if(buttonState > 100) {
    //如果读入数值大于200,说明有人进入区域。一般测到人体红外,返回数值为670左右
         digitalWrite(LEDPin, HIGH);               //红灯亮
           //Serial.println(buttonState);
             Serial.print("In:");
      Serial.print(buttonState);                   //显示读取的数值
       Serial.println("");
       delay(2000);                                //让灯亮一段时间
       }else{
           digitalWrite(LEDPin, LOW);
      }
     }
    }
```

下载到 Arduino UNO 板后,可以从串口输入 A、1、0 等值查看输出结果,观察 Arduino LED 小灯的变化情况。对人体的探测会出现间隔反应延迟的现象,这是因为人体红外传感器读取间隔默认 2.5 s。这个间隔时间是可调的,如图 11-3 所示。

Arduino 方面的系统设计完成,仅为本章项目的基础部分,下面开始在 PC 上设计 Java 服务器,从 Java 服务器通过串口通信控制 Arduino 板获取人体红外报警信息是比较复杂的。

为了实现 Android 远程网络控制的实验,应在 PC 端应建立 Java 服务器程序,在手机端编

写 Android 客户端程序,PC 端 Java 服务器程序首先应有串口通信控制的能力。下面先看一个 Java 串口通信的程序实现。

11.3 Java 串口开发支持包 RXTX 及应用实例

实现 Java 串口通信,如同 VB 等高级设计语言实现串口需要通信控件的支持一样,也要有相应的软件开发支持包。

目前,支持 Java 串口开发的包主要有两个:comm.jar 和 RXTXcomm.jar,鉴于 comm.jar 在 Windows 环境下升级已受限,本节实验是在 Windows 7 下完成的,故选择 RXTX 作为 Java 串口开发的支持。

11.3.1 Java 串口开发支持包 RXTX 的安装

RXTX 项目提供了 Windows,Linux,Mac os X,Solaris 操作系统下的兼容 javax.comm 串口通信包 API 的实现,为其他研发人员在此类系统下研发串口应用也提供了相当的方便。

实验使用的 RXTX 版本为 rxtx-2.1-7-bins-r2,rxtx 新版本支持对 javax.comm 的覆盖式支持,只要将原来有 javax.comm 支持的程序中所有 import javax.comm.* 改成 import gnu.io.* 就可以正常使用了。

在安装 RXTX 包时应首先确定自己主机操作系统的类型,明确是否为 32 位操作系统或 64 位系统,如果是 64 位操作系统就应使用更高版本的 RXTX 包的支持。通过了可通过控制面板的系统项查看,可查看第 1 章中的图 1-1。

本项目仅试验和提供了 32 位 Windows 7 的 RXTX 支持包,包括 RXTX 并口通信支持包(rxtxParallel.dll)和 RXTX 串口通信支持包(rxtxSerial.dll)。RXTX 的使用包括 Java 复制安装和 eclipse 串口配置两个步骤。

1. RXTX 软件复制安装步骤

(1) 仅在程序运行中使用 RXTX 的安装步骤

Java 程序运行的支持软件包是 JRE,Java 运行环境又称为 JRE 环境;Java 程序开发的支持软件包是 JDK,Java 开发环境又称为 JDK 环境。相应的支持软件也对应安装在不同的目录下。

RXTX 的安装过程实际就是复制文件,将 RXTX 软件包复制到 JRE 环境或 JDK 环境的相应目录下。

如果只是在程序运行中使用 RXTX,就要将 RXTX 软件包复制到 JRE 环境对应的目录下。请按照此安装步骤进行,确认 Java 运行环境,对于 1.7.0_15 版本,一般目录会是 C:\Program Files\Java\jdk1.7.0_15\。在 rxtx-2.1-7-bins-r2 中找到 RXTXcomm.jar(教程\Android+Arduino 交互设计\Android+Arduino 交互设计环境支撑软件\RXTX 支持包\rxtx-2.1-7-bins-r2\目录下)和 Windows 目录项下的并口、串口相应文件 rxtxParallel.dll、rxtxSerial.dll(\Android+Arduino 交互设计\Android+Arduino 交互设计环境支撑软件\RXTX 支持包\rxtx-2.1-7-bins-r2\Windows\i368-mingw32),复制到如下位置:

复制 rxtxParallel.dll 到 C:/Program Files/Java/jre1.6.0_01/bin

复制 rxtxSerial.dll 到 C:/Program Files/Java/jre1.6.0_01/bin/

复制 RXTXcomm.jar 到 C:/Program Files/Java/jre1.6.0_01/lib/ext/

其中 jre 目录可能根据 Java 版本不同而不同,要区别对待。如果没有单独安装 JRE 环境就没有相应的目录,此时,直接按下一种方式(开发或者编译 RXTX 程序的安装步骤)安装。

(2) 开发或者编译 RXTX 程序的安装步骤

如果需要开发或者编译 RXTX 程序,请按照此安装步骤。确认 Java 运行环境,对于 1.7.0_15 版本,一般会是:C:\Program Files\Java\jdk1.7.0_15,复制到如下位置:

复制 rxtxParallel.dll 到 C:\Program Files\Java\jdk1.7.0_15\jre\bin

复制 rxtxSerial.dll 到 C:\Program Files\Java\jdk1.7.0_15\jre\bin

复制 RXTXcomm.jar 到 C:\Program Files\Java\jdk1.7.0_15\jre\lib\ext

请注意,在 jdk 目录中还有一个\jre\子目录,此\jre\子目录与 JRE 环境的目录不同。其中 jdk 目录可能根据 Java 版本不同而不同,要区别对待。

2. 在 Eclipse 下配置串口的方式(开发项目中引入 RXTXcomm.jar 的支持)

对准 Java 项目右键→Preperties(属性)→Java Build Path(Java 构建路径)→Libraries (库)→单击 Add External JARs…(添加外部 JARs…)→找到 JDK 下的 RXTXcomm.jar 选中(比如 C:\Program Files\Java\jdk1.7.0_15\jre\lib\ext\RXTXcomm.jar)→OK(确定)。

11.3.2 Communications API 简介

使用和 RXTX 包或 javax.comm 包的过程中,Java 提供了 Communication API(包含于相应包中)用于与机器硬件无关的方式,控制各种外部设备。

Communications API 的核心是抽象的 CommPort 类及其两个子类:SerialPort 类和 ParallePort 类。其中,SerialPort 类是用于串口通信的类,ParallePort 类是用于并行口通信的类。CommPort 类还提供了常规的通信模式和方法,例如:getInputStream( )方法和 getOutputStream( )方法,专用于与端口上的设备进行通信。

然而,这些类的构造方法都被有意地设置为非公有的(non-public)。所以,不能直接构造对象,而是先通过静态的端口标识类 CommPortIdentifer.getPortIdentifiers()获得端口列表;再从这个端口列表中选择所需要的端口(比如某个串口对象),并调用 CommPortIdentifer 对象的 Open( )方法,这样,就能得到一个 CommPort 对象。当然,还要将这个 CommPort 对象的类型转换为某个非抽象的子类,表明是特定的通信设备。该子类可以是 SerialPort 类和 ParallePort 类中的一个。下面将分别对 CommPort 类、CommPortIdentifier 类、串口类 SerialPort 进行详细的介绍。

CommPort 类用于描述一个被底层系统支持的端口的抽象类。它包含一些高层的 IO 控制方法,这些方法对于所有不同的通信端口来说是通用的。SerialPort 和 ParallelPort 都是它的子类,前者用于控制串行端口而后者用于控制并口,两者对于各自底层的物理端口都有不同的控制方法。这里只介绍 SerialPort。

1. CommPortIdentifier 类

端口标识类(CommPortIdentifier)主要用于对串口进行管理和设置,是对串口进行访问控制的核心类。主要功能有:确定是否有可用的通信端口、为 IO 操作打开通信端口、决定端口的所有权、处理端口所有权的争用、管理端口所有权变化引发的事件(Event)等。

现将 CommPortIdentifier 类的具体方法列表如表 11-1 所示,以备查。

表 11-1　CommPortIdentifier 类的具体方法

方　　法	说　　明
addPortName(String,int,CommDriver)	添加端口名到端口列表里
addPortOwnershipListener(CommPortOwnershipListener)	添加端口拥有的监听器
removePortOwnershipListener(CommPortOwnershipListener)	移除端口拥有的监听器
getCurrentOwner()	得到当前占有端口的对象或应用程序
getName()	得到端口名称
getPortIdentifier(CommPort)	得到参数打开的端口的 CommPortIdentifier 类型对象
getPortIdentifier(String)	得到以参数命名的端口的 CommPortIdentifier 类型对象
getPortIdentifiers()	得到系统中的端口列表
getPortType()	得到端口的类型
isCurrentlyOwned()	判断当前端口是否被占用
open(FileDescriptor)	用文件描述的类型打开端口
open(String,int)	打开端口,两个参数:程序名称、延迟时间(毫秒数)

2. SerialPort 类

SerialPort 类即串口类,用于描述一个 RS-232 串行通信端口的底层接口,它定义了串口通信所需的最小功能集。通过它,用户可以直接对串口进行读、写及设置工作。

(1) SerialPort 关于串口参数的静态成员变量,如表 11-2 所示。

表 11-2　SerialPort 关于串口参数的静态成员变量

成员变量	说明	成员变量	说明	成员变量	说明
DATABITS_5	数据位为 5	STOPBITS_2	停止位为 2	PARITY_ODD	奇检验
DATABITS_6	数据位为 6	STOPBITS_1	停止位为 1	PARITY_MARK	标记检验
DATABITS_7	数据位为 7	STOPBITS_1_5	停止位为 1.5	PARITY_NONE	空格检验
DATABITS_8	数据位为 8	PARITY_EVEN	偶检验	PARITY_SPACE	无检验

(2) SerialPort 对象关于串口参数的函数,如表 11-3 所示。

表 11-3　SerialPort 对象关于串口参数的函数

方法	说明	方法	说明
getBaudRate()	得到波特率	getParity()	得到检验类型
getDataBits()	得到数据位数	getStopBits()	得到停止位数

(3) setSerialPortParams(int,int,int,int)设置串口参数依次为波特率、数据位、停止位、奇偶检验。

(4) SerialPort 关于事件的静态成员变量,如表 11-4 所示。

表 11-4　SerialPort 关于事件的静态成员变量

成员变量	说明	成员变量	说明
BI Break interrupt	中断	FE Framing error	错误
CD Carrier detect	载波侦听	OE Overrun error	错误
CTS Clear to send	清除以传送	PE Parity error	奇偶检验错误
DSR Data set ready	数据备妥	RI Ring indicator	响铃侦测
DATA_AVAILABLE	串口中的可用数据	OUTPUT_BUFFER_EMPTY	输出缓冲区空

（5）SerialPort 中关于事件的方法，如表 11-5 所示。

表 11-5　SerialPort 中关于事件的方法

方法	说明	方法	说明	方法	说明
isCD()	是否有载波	isCTS()	是否清除以传送	isDSR()	数据是否备妥
isDTR()	是否数据端备妥	isRI()	是否响铃侦测	isRTS()	是否要求传送

（6）SerialPort 中的其他常用方法，如表 11-6 所示。

表 11-6　SerialPort 中其他常用方法

方　法	说　明
addEventListener(SerialPortEventListener)	向 SerialPort 对象中添加串口事件监听器
removeEventListener()	移除 SerialPort 对象中的串口事件监听器
notifyOnBreakInterrupt(boolean)	设置中断事件 true 有效，false 无效
notifyOnCarrierDetect(boolean)	设置载波监听事件 true 有效，false 无效
notifyOnCTS(boolean)	设置清除发送事件 true 有效，false 无效
notifyOnDataAvailable(boolean)	设置串口有数据的事件 true 有效，false 无效
notifyOnDSR(boolean)	设置数据备妥事件 true 有效，false 无效
notifyOnFramingError(boolean)	设置发生错误事件 true 有效，false 无效
notifyOnOutputEmpty(boolean)	设置发送缓冲区为空事件 true 有效，false 无效
notifyOnParityError(boolean)	设置发生奇偶检验错误事件 true 有效，false 无效
notifyOnRingIndicator(boolean)	设置响铃侦测事件 true 有效，false 无效
getEventType()	得到发生的事件类型返回值为 int 型
sendBreak(int)	设置中断过程的时间，参数为毫秒值
setRTS(boolean)	设置或清除 RTS 位
setDTR(boolean)	设置或清除 DTR 位
close()	关闭串口
getOutputStream()	得到 OutputStream 类型的输出流
getInputStream()	得到 InputStream 类型的输入流

API 的具体使用可结合以下章节的程序学习练习，以上列表可以方便查找。并能够据此使程序得到扩展，修改程序变得可行。

11.3.3 Java 串口通信实例

Java 串口通信程序,即 Java 串口设置、监听的程序,基本要包含串口参数的静态成员变量定义、搜索本机的串口并列出、串口通信参数的配置(波特率、数据位、停止位、奇偶检验)、串口的读写等功能。

1. 串口参数的静态成员变量定义

```java
protected static CommPortIdentifier portid = null;          //通信端口标识符
protected static SerialPort comPort = null;                 //串行端口
protected static int BAUD = 9600;                           //波特率
protected static int DATABITS = SerialPort.DATABITS_8;      //数据位
protected static int STOPBITS = SerialPort.STOPBITS_1;      //停止位
protected static int PARITY = SerialPort.PARITY_NONE;       //奇偶检验
private static OutputStream oStream;                        //输出流
private static InputStream iStream;                         //输入流
```

2. 列出本机的所有串口

```java
private void listPortChoices() {
CommPortIdentifier portId;
Enumeration en = CommPortIdentifier.getPortIdentifiers();
// iterate through the ports.
while (en.hasMoreElements()) {
portId = (CommPortIdentifier) en.nextElement();
if (portId.getPortType() == CommPortIdentifier.PORT_SERIAL) {
System.out.println("发现串口:" + portId.getName());
}}}
```

3. 串口参数的配置

串口参数的配置的格式为 serialPort =(SerialPort) portId.open("串口所有者名称",超时等待时间);这的"串口所有者名称"是任意的字符串。具体实现语句:

```java
comPort = (SerialPort) portid.open("aaaa", 1000);
//设置串口参数依次为波特率、数据位、停止位、奇偶检验
comPort.setSerialPortParams(AndroidRunable.BAUD, AndroidRunable.DATABITS, AndroidRunable.STOPBITS, AndroidRunable.PARITY);
```

4. 串口的读写

对串口读写之前需要先打开一个串口:

```java
CommPortIdentifier portId = CommPortIdentifier.getPortIdentifier(PortName);
try {
        SerialPort  sPort = (SerialPort) portId.open("串口所有者名称",超时等待时间);
        } catch (PortInUseException e) {                    //如果端口被占用就抛出这个异常
            throw new SerialConnectionException(e.getMessage());
        }
//用于对串口写数据
OutputStream os = new BufferedOutputStream(sPort.getOutputStream());
```

```
os.write(int data);
//用于从串口读数据
InputStream is = new BufferedInputStream(sPort.getInputStream());
int receivedData = is.read();
```

读出来的是int型,可以把它转换成需要的其他类型。这里要注意的是,由于Java语言没有无符号类型,即所有的类型都是带符号的,在由byte到int的时候应该尤其注意。因为如果byte的最高位是1,则转成int类型时将用1来占位。这样,原本是10000000的byte类型的数变成int型就成了1111111110000000,这是很严重的问题,应该注意避免。

5. 建立并编写Java串口通信项目实例具体步骤

注意:在以下项目中,在Windows 7系统下切记要以管理员省份启动eclipse进入开发和运行Java程序,否则,Socket通信会不稳定,有时通有时则不通。

(1)在eclipse新建Java项目如图11-5所示。

(2)单击"下一步"按钮,进选择库,做RXTX串口通信包对本项目的支持设置,如图11-6所示。也可以在完成Java项目后,按照1.3.1的安装说明步骤,增加RXTX对项目串口的支持。最简便的是建立项目的同时也完成该项目对RXTX库的支持设置。

(3)选择添加外部JAR(X)...

选择"选择添加外部JAR(X)...",找到前面RXTX安装说明中复制到JDK下的RXTXcomm.jar文件并选中(比如C:\Program Files\Java\jdk1.7.0_15\jre\lib\ext\RXTXcomm.jar),单击"OK(确定)"按钮后,如图11-6所示,在构建路径上的JAR和类文件(T)下会出现RXTXcomm.jar及其路径。

(4)选择图11-6中的"JRE系统库"后,出现如图11-7所示界面。选取"工作空间缺省"选项,如果缺省这项选择,会出现使用RXTX通信API方法时出错,提示"RXTXcomm.jar访问限制"等信息。

最后,单击"完成"按钮结束项目的建立。

(5)程序代码及分析

在"Java串口通信"项目的src目录下新建任一名称的一个类(如:aaa),定义一个包名如:"com.ang.wang",其中代码如下:

```
package com.ang.wang;
package com.ang.wangcd;
//本程序通过修改testData = "1/0/A"的值可以控制Arduino灯亮/灯灭/人体红外自动检测。
import gnu.io.*;
import java.io.*;
import java.util.*;
import javax.print.attribute.standard.PrinterMessageFromOperator;
public class aaa implements SerialPortEventListener{
    protected static CommPortIdentifier portid = null;      //通信端口标识符
    protected static SerialPort comPort = null;             //串行端口
    protected int BAUD = 9600;                              //波特率
    protected int DATABITS = SerialPort.DATABITS_8;         //数据位
    protected int STOPBITS = SerialPort.STOPBITS_1;         //停止位
    protected int PARITY = SerialPort.PARITY_NONE;          //奇偶检验
```

第 11 章 Android 网络远程控制 Arduino(无 WiFi 模块)

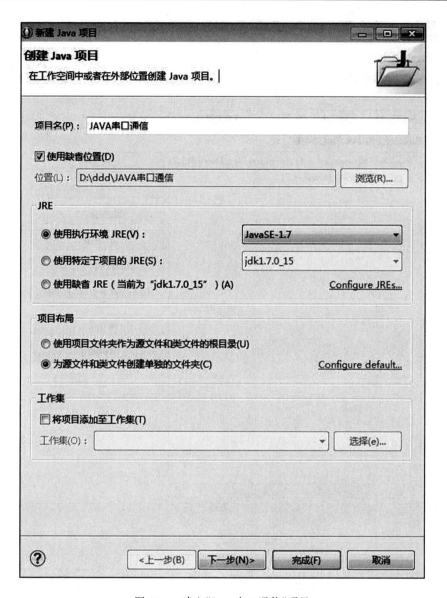

图 11-5 建立"Java 串口通信"项目

```
private static OutputStream oStream;              //输出流
private static InputStream iStream;               //输入流
StringBuilder buf = new StringBuilder(128);
public static void main(String[] args) {
aaa my = new aaa();
my.listPortChoices();
my.setSerialPortNumber();
}
/**
* 读取所有串口名字
*/
private void listPortChoices() {
```

图 11-6　建立"Java 串口通信"项目 RXTX 支持库的设置

```
CommPortIdentifier portId;
Enumeration en = CommPortIdentifier.getPortIdentifiers();
//iterate through the ports.
while (en.hasMoreElements()) {
portId = (CommPortIdentifier) en.nextElement();
if (portId.getPortType() == CommPortIdentifier.PORT_SERIAL) {
System.out.println("发现串口:" + portId.getName());
}
}
}
/**
```

第 11 章　Android 网络远程控制 Arduino(无 WiFi 模块)

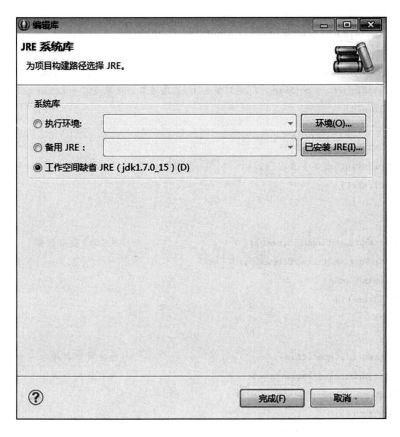

图 11-7　选取 JRE 系统库的"工作空间缺省"选项

```
 * 设置串口号
 * @param Port
 * @return
 */
private void setSerialPortNumber(){
String osName = null;
String osname = System.getProperty("os.name", "").toLowerCase();
if (osname.startsWith("windows")) {
//windows
osName = "COM14";                                    //修改该端口与 PC 发现的串口相一致!
} else if (osname.startsWith("linux")) {
//linux
osName = "/dev/ttyS1";
}
System.out.println("当前操作系统:" + osname);
try {
portid = CommPortIdentifier.getPortIdentifier(osName);    //得到 COM3 串口的对象
//portid = CommPortIdentifier.getPortIdentifier(Port);
if(portid.isCurrentlyOwned()){
System.out.println("端口在使用");
```

```java
}else{
comPort = (SerialPort) portid.open(this.getClass().getName(), 1000);
}
} catch (PortInUseException e) {
System.out.println(portid.getName() + "端口被占用,占用端口的对象是:" + portid.getCurrentOwner());
//comPort.close();
e.printStackTrace();
} catch (NoSuchPortException e) {
System.out.println("端口不存在");
e.printStackTrace();
}
try {
iStream = comPort.getInputStream();                    //从COM3获取数据
oStream = comPort.getOutputStream();
} catch (IOException e) {
e.printStackTrace();
}
try {
comPort.addEventListener(this);                        //给当前串口增加一个监听器
comPort.notifyOnDataAvailable(true);                   //当有数据是通知
} catch (TooManyListenersException e) {
e.printStackTrace();
}
try {
//设置串口参数依次为(波特率,数据位,停止位,奇偶检验)
comPort.setSerialPortParams(this.BAUD, this.DATABITS, this.STOPBITS, this.PARITY);
} catch (UnsupportedCommOperationException e) {
System.out.println("端口操作命令不支持");
e.printStackTrace();
}
try {
//# testData
String testData = "3";                                 //发送的数据
oStream.write(testData.getBytes());
//oStream.write(48);
//iStream.close();
//comPort.close();
} catch (IOException e) {
e.printStackTrace();
}
}
@Override
public void serialEvent(SerialPortEvent event) {       //串口接收监听处理
switch (event.getEventType()) {
```

```
case SerialPortEvent.BI:                              //通信中断
case SerialPortEvent.OE:                              //溢位错误
case SerialPortEvent.FE:                              //帧错误
case SerialPortEvent.PE:                              //奇偶校验错误
case SerialPortEvent.CD:                              //载波检测
case SerialPortEvent.CTS:                             //清除发送
case SerialPortEvent.DSR:                             //数据设备准备好
case SerialPortEvent.RI:                              //响铃侦测
case SerialPortEvent.OUTPUT_BUFFER_EMPTY:             //输出缓冲区已清空
break;
case SerialPortEvent.DATA_AVAILABLE:                  //有数据到达
try {
while(iStream.available() > 0) {
System.out.println("接收数据:" + ((byte) iStream.read()));
}
} catch (IOException e) {System.out.println("接收数据错误!");
}
//关闭打开的串口
comPort.removeEventListener();
comPort.notifyOnDataAvailable(false);                 //当有数据时不通知
comPort.close();
System.out.println("串口已经关闭!");
break;
}
}
}
```

程序有主函数(入口函数)main();读取所有串口名字的listPortChoices()函数;设置串口号函数setSerialPortNumber(),在这个函数中,要注意在Windows环境下,对osName变量的修改:

```
osName = "COM14";                                     //修改该端口与使用的PC串口相一致!
```

此串口端口是Arduino占用的端口,可通过Windows系统的设备管理器查找。

在设置串口号函数setSerialPortNumber()中包括了打开串口、对串口定义数据流操作、串口添加监听、向串口发送流数据等。

串口监听处理函数serialEvent(SerialPortEvent event)只对有数据到达串口,即串口数据发生变化时进行处理。串口监听是获取读到串口数据的方式,也要通过数据流方式读取。

(6) 运行结果

当把前面设计的Arduino红外警报系统连接到PC(通过数据下载线连接即可,Arduino数据下载线是通过串口实现的),在程序中修改串口端口相一致,在eclipse中运行该Java应用程序,会在eclipse控制台出现红外传感器采集的数据,结果如图11-8所示。单击红色方框可结束Java程序的运行。

修改程序中testData变量分别为"1""0""A",查看Arduino红灯的变化情况。

串口数据程序处理必须通过流媒体的数据流方式实现。

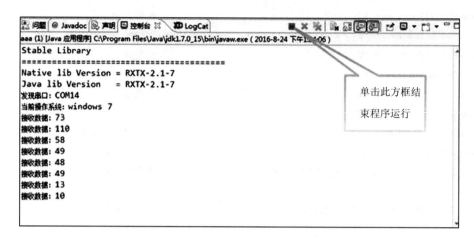

图 11-8　串口通信程序运行结果图

11.3.4　串口通信编程调试——PC 地址端口的释放

另外,还要对网络通信编程过程中程序调试中可能遇到的问题做一些说明。

在开发串口通信编写 Java 程序时,需要定义服务器端口,当程序重复使用同一个端口号,而未及时关闭,就会出现错误提示:

Exception in thread "main" java.net.BindException: Address already in use: JVM_Bind

表示端口地址已在使用中(Address already in use),出现程序中自定义端口没有释放的现象,并导致程序无法重复运行,错误会使程序终止(这在编写调试程序时是经常的)。

将 Java 程序占用的打开端口,如何关闭释放?对于 Java 编译的程序固定对应的进程为 javaw.exe,因此,可启动任务管理器,在进程中找到 javaw.exe 将其结束即可,如图 11-9 所示。

或使用以下方法,进入 Winodws 命令模式,执行 taskkill -f -t -im javaw.exe 命令,按 Enter 键,也可结束 Javaw 进程,释放已经占用的端口,如图 11-9 所示。

在获得了串口通信的基本实践之后,再熟悉另外一个网络通信的概念和手段,即 PC 端的 Java 服务器与手机端的 Android 客户端的 Socket 网络通信。

11.4　网络通信 Socket 及其实例

通过以前章节的学习已经对 Socket 有了基本的认识,现对其在网络通信中的应用和作用做更充分的说明。先对网络通信的简要知识做必要的回顾。

11.4.1　网络通信简要知识

1. 两台计算机间进行通信需要的条件

IP 地址、协议、端口号。

2. TCP/IP 协议

TCP/TP 是目前世界上应用最为广泛的协议,是以 TCP 和 IP 为基础的不同层次上多个

第 11 章 Android 网络远程控制 Arduino(无 WiFi 模块)

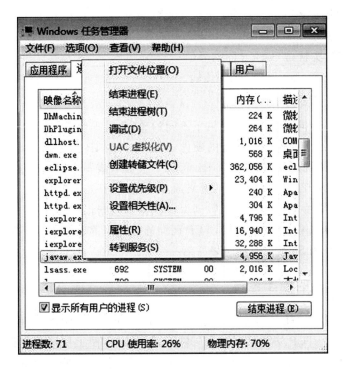

图 11-9 结束进程操作

协议的集合,也称 TCP/IP 协议族或 TCP/IP 协议栈。

(1) TCP:Transmission Control Protocol 传输控制协议。

(2) IP:Internet Protocol 互联网协议。

3. TCP/IP 五层模型

(1) 应用层:HTTP、FTP、SMTP、Telnet 等。

(2) 传输层:TCP/IP。

(3) 网络层:IP。

(4) 数据链路层。

(5) 物理层:网线、双绞线、网卡等。

4. IP 地址

为实现网络中不同计算机之间的通信,每台计算机都必须有一个唯一的标识即 IP 地址(32 位二进制)。

5. 端口

区分一台主机的多个不同应用程序,端口号范围为 0~65 535,其中 0~1 023 位为系统保留。

如 HTTP:80。FTP:21,Telnet:23。

IP 地址+端口号组成了所谓的 Socket,Socket 是网络上运行的程序之间双向通信链路的终结点,是 TCP 和 UDP 的基础。

6. Socket 套接字

网络上具有唯一标识的 IP 地址和端口组合在一起才能构成唯一能识别的标识符套接字。

Socket 原理机制如下：
(1) 通信的两端都有 Socket；
(2) 网络通信其实就是 Socket 间的通信；
(3) 数据在两个 Socket 间通过 IO 传输。

7．Java 中的网络支持

针对网络通信的不同层次，Java 提供了不同的 API，其提供的网络功能有四大类。
(1) InetAddress：用于标识网络上的硬件资源，主要是 IP 地址。
(2) URL：统一资源定位符，通过 URL 可以直接读取或写入网络上的数据。
(3) Sockets：使用 TCP 协议实现的网络通信 Socket 相关的类。
(4) Datagram：使用 UDP 协议，将数据保存在用户数据报中，通过网络进行通信。

本项目的通信方式采用 TCP 连接，TCP 面向连接的可靠传输协议，具有数据确认和数据重传的功能。项目利用 Socket 完成网络通信。

11.4.2 Socket 的连接过程

手机能够使用联网功能是因为手机底层实现了 TCP/IP 协议，可以使手机终端通过无线网络建立 TCP 连接。TCP 协议可以对上层网络提供接口，使上层网络数据的传输建立在"无差别"的网络之上。创建 Socket 连接时，可以指定使用的传输层协议，Socket 可以支持不同的传输层协议（TCP 或 UDP），当使用 TCP 协议进行连接时，该 Socket 连接就是一个 TCP 连接。

1．Socket 通信机制

既然是通信，必有且至少有两端，一端为服务器端，另一端为客户端。建立 Socket 连接至少需要一对套接字，其中一个运行于客户端，称为 ClientSocket，另一个运行于服务器端，称为 ServerSocket。

一个完整的 Socket 通信机制与处理程序应该包含以下几个步骤：
(1) 创建 Socket；
(2) 打开连接到 Socket 的输入输出流；
(3) 按照一定的协议对 Socket 进行读写操作；
(4) 关闭 Socket。

以上的设计思路是 Socket 通信开发的基本步骤，同时也是大多数网络应用程序运行的基本方式。

2．Socket 网络通信具体在 Java 中的实现

(1) 服务器端

① 创建 ServerSocket，需要使用端口号进行标识，以便客户端进行连接。

如：ServerSocket serivceSocket = new ServerSocket(30000);

② 创建 Socket 获取连接。

如：Socket socket = serverSocket.accept();

③ 进行通信内容传输。

如：OutputStream output = socket.getOutputStream();
    output.write("您好,您收到了服务器的新年祝福!".getBytes("utf - 8"));

(2) 客户端

① 创建 Socket,进行与服务器连接,需要填写服务器 IP,以及服务器的端口号及等待时间等。

如:socket = new Socket();   //定义 Socket
　　socket.connect(new InetSocketAddress("192.168.1.100", 30000), 5000);

② 进行通信内容的传输。

如读 Socket 管道中的数据流:BufferedReader br = new BufferedReader(new InputStreamReader(socket.getInputStream()));

　　String line = br.readLine();

其他关闭等操作不做赘述,可结合实例仔细研读体会。

11.4.3　最简单的 Socket 网络通信实例

本实例的是一个以 Android 为客户端,Java 开发服务器,利用 Socket 技术实现 TCP 网络通信的最简单的例子。

本实例的实验环境:①一台无线路由器组成局域网;②一台 PC 通过有线或无线 WiFi 连接到局域网;③一部连接到 WiFi 局域网的手机。本章后面与无 WiFi 模块的 Arduino 实现连接控制的网络通信也要按此实验环境实现。

1. Java 服务器端程序

注意:在以下相关 Socket 通信的项目中,在 Windows 7 系统下切记要以管理员的身份启动 eclipse 进入开发和运行 Java 程序,否则,Socket 通信会不稳定。在 Windows XP 下没有影响。

在 eclipse 中建立应用程序项目名称(可自行定项目名称,不影响具体程序的编写与运行)为"eclipse 服务器"的 Java 项目,其中包名为"MyServer",类名为"MyServerSocket",程序代码如下:

```java
package MyServer;
import java.io.IOException;
import java.io.OutputStream;
import java.net.ServerSocket;
import java.net.Socket;
public class MyServerSocket {
    public static void main(String[] args) throws IOException {
        ServerSocket serivce = new ServerSocket(30000);
        while(true){
            Socket socket = serivce.accept();
            OutputStream output = socket.getOutputStream();
            output.write("您好,您收到了服务器的新年祝福!".getBytes("utf-8"));
            output.flush();
            OutputStream output1 = socket.getOutputStream();
            output1.write(" ++----第二条信息".getBytes("utf-8"));
            output1.flush();
            output.close();
```

```
            output1.close();
            socket.close();
        }
    }
}
```

通过数据流向 Socket 管道发送了两条信息，程序很简单。

2. Android 客户端程序

在 eclipse 中建立项目名称为"客户端试验"的 Ardroid 应用项目，包名为"com. hcc. mysocketclient"，启动 Activity 为"MainActivity. java"，其连接的布局名称为"activity_main. xml"。具体编写如下。

（1）界面布局（"activity_main. xml"）

```xml
<?xml version = "1.0" encoding = "utf-8"?>
<LinearLayout xmlns:android = "http://schemas.android.com/apk/res/android"
    xmlns:tools = "http://schemas.android.com/tools" android:layout_width = "match_parent"
    android:layout_height = "match_parent"
    android:orientation = "vertical"
    tools:context = ".MainActivity">
<EditText
    android:id = "@+id/ip_text"
    android:layout_width = "match_parent"
    android:layout_height = "wrap_content"
    android:hint = "来自服务器的数据"/>
<TextView
    android:layout_width = "match_parent"
    android:layout_height = "280dp"
    android:id = "@+id/te1_text"/>
<EditText
    android:id = "@+id/te2_text"
    android:layout_width = "match_parent"
    android:layout_height = "wrap_content" />
</LinearLayout>
```

（2）主程序设计（MainActivity. java）

```java
package com.hcc.mysocketclient;
import java.io.BufferedReader;
import java.io.IOException;
import java.io.InputStreamReader;
import java.net.InetSocketAddress;
import java.net.Socket;
import java.net.UnknownHostException;
import android.app.Activity;
import android.os.Bundle;
import android.util.Log;
```

```java
import android.widget.EditText;
import android.widget.TextView;
public class MainActivity extends Activity {
    private EditText show;
    private TextView te1;
    private TextView te2;
    Socket socket = null;
    @Override
    protected void onCreate(Bundle savedInstanceState) {
        super.onCreate(savedInstanceState);
        setContentView(R.layout.activity_main);
        show = (EditText) findViewById(R.id.ip_text);
        te1 = (TextView) findViewById(R.id.te1_text);
        te2 = (TextView) findViewById(R.id.te2_text);
        new MyThread("").start();
}
    class MyThread extends Thread {
        public String txt1;
      public MyThread(String str) {
         // txt1 = str;
           // Log.d(TAG, "1:'" + txt1 + "'");
        }
        @Override
        public void run() {
      try {
    socket = new Socket(); //定义 Socket
              socket.connect(new InetSocketAddress("192.168.1.100", 30000), 5000);
//Socket socket = new Socket("192.168.1.100", 30000);
//socket.setSoTimeout(5000);
BufferedReader br = new BufferedReader(new InputStreamReader(socket.getInputStream()));
String line = br.readLine();
  show.setText("来自服务器的数据:" + line);
br.close();
  socket.close();
            }catch (UnknownHostException e) {
  Log.e("UnknownHost","来自服务器的数据");
  te1.setText("错误 1:来自服务器的数据" + e);
  e.printStackTrace();
            } catch (IOException e) {
  Log.e("IOException","来自服务器的数据");
  e.printStackTrace();
  te2.setText("错误 2:来自服务器的数据" + e);
            }
```

        }
      }
    }
}

程序中使用了线程,对于网络通信应使用线程处理。MyThread(String str)其传输变量在本程序中并没有发挥其作用,但可以通过传输变量使程序有更多的应用,故保留了该变量在程序中的设置。

3. 运行

编写完成将 Arduino 客户端程序写到手机上。通过手机的设置功能检查手机确实连接到 WiFi 局域网上;还要确保 PC 已经连接到局域网上。先在 PC 的 eclipse 下,运行名为"eclipse 服务器"的 Java 应用程序;然后,再启动手机端的"客户端试验"App 应用项目,将看到如图 11-10 所示的执行结果。

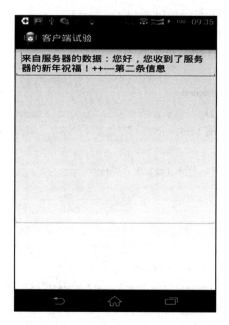

图 11-10　服务器与客户端简单通信图示

运行时,一定要先启动服务器端,后启动客户端,否则,结果可能完全不同。

11.4.4　获取 IP 地址修改程序的方法

仅介绍与程序相关的 IP 地址问题。本程序主要语句就是通过 BufferedReader 和 readLine()读 Socket 送过来的服务器的数据。其中,对于 Socket 连接中的服务器 IP 地址设置为

```
socket.connect(new InetSocketAddress("192.168.1.100", 30000), 5000);
```

其中,Java 服务器的 IP 地址,可在 PC 服务器利用 DOS 命令 ipconfig 查找,具体实现为,在 Windows 的"开始"中单击"运行"按钮,输入"cmd",单击"确定"按钮,进入命令模式下,执行命令:ipconfig,如图 11-11 所示。

IPv4 地址就是本服务器的 IP 地址,把它填写到上面所述的 Socket.connect 语句中。

图 11-11 Windows 命令模式

11.5 红外报警网络通信交互设计——服务器端

在 eclipse 中新建 Java 项目,名为"Java 服务器端",包路径为"edu. neusoft",在该路径下,编写服务器端 Java 程序。程序建立了两个类文件,分别为"Server. java"和"SerialPort_Runable. java"。

11.5.1 服务器程序代码

1. 服务器端线程启动管理程序 Server. java 代码

```java
package edu.neusoft;
import java.io.IOException;
import java.io.OutputStream;
import java.net.ServerSocket;
import java.net.Socket;
import java.util.ArrayList;
import java.util.List;
import java.util.concurrent.ExecutorService;
import java.util.concurrent.Executors;
public class Server {
    public static void main(String[] args) throws IOException {
        int clientNo = 1;
        ServerSocket serivce = new ServerSocket(30001);        //指定提供监听服务的端口是
```

```
                                                        30001,切记客户端要与此一致
        ExecutorService exec = Executors.newCachedThreadPool();//线程池,可重复利用的
        while (true) {
    System.out.println("Start(等待客户端连接)……");
            //等待客户端连接,一旦有堵塞,则表示服务器与客户端获得了连接
            Socket socket = serivce.accept();          //随时监听可能的Client请求,
                                                        等待客户端的连接
            System.out.println("接收第" + clientNo + "个客户:" + socket.getInetAddress()
            + "的连接请求,开始通信……");
            // 处理这次连接,执行新线程
        Thread thread = new Thread(new SerialPort_Runable(socket));
         thread.start();
         clientNo ++;
        }
    }
}
```

此文件就是建立一个线程池,接收客户连接,将服务器连接的 Socket 打开传递到新程序中,启动服务器与串口通信以及服务器与客户端通信的处理程序 SerialPort_Runable(socket)。

2. 服务器端数据处理程序 SerialPort_Runable.java

SerialPort_Runable.java 这个程序相对比较复杂,既要处理服务器与串口的通信关系,还要处理服务器与客户端的数据传输关系。因此,可以先将程序编写好,将人体红外报警的 Arduino 通过数据下载线连接到 PC,运行程序,查看结果。之后再分析程序的实现步骤。

注意要修改初始化串口函数 init() 之中的串口号是否与本机连接 Arduino 后的串口一致。

```
String osName = "COM14";
```

再强调一次,一定在连接 Arduino 之后,通过设备管理器查看串口的变化和具体编号,将以上语句做准确标识修改。否则,串口通信无法进行。

完整代码:

```
package edu.neusoft;
//服务器端发送接收数据处理程序
import gnu.io.*;
import java.io.*;
import java.util.*;
import javax.naming.InitialContext;
import javax.print.attribute.standard.PrinterMessageFromOperator;
import javax.sound.sampled.Line;
import java.net.Socket;
public class SerialPort_Runable implements Runnable,SerialPortEventListener {
    static Socket socket = null;
    static int flag = 0,tg = 1;              //定义标志变量,确保串口初始化程序只能执行一次
```

第11章　Android 网络远程控制 Arduino(无 WiFi 模块)

```java
    public static String line = null;
    protected static CommPortIdentifier portid = null;    //通信端口标识符
    protected static SerialPort comPort = null;           //串行端口
    protected static int BAUD = 9600;                     //波特率
    protected static int DATABITS = SerialPort.DATABITS_8;//数据位
    protected static int STOPBITS = SerialPort.STOPBITS_1;//停止位
    protected static int PARITY = SerialPort.PARITY_NONE; //奇偶检验
    private static OutputStream oStream;                  //串口输出流
    private static InputStream iStream;                   //串口输入流
    String test = "";
    String str = "OK! 欢迎向服务器(PC)发来数据";
   public SerialPort_Runable(Socket serversocket) {
      this.socket = serversocket;
        if(flag == 0){
            flag = 1;
        init();                                           //串口初始化程序
      }
}
//启用线程,处理连接
  @Override
  public void run() {
    //向 android 客户端输出 hello worild
        String line = null;
      try {
            InputStream input;                            //socket 输入输出流定义
            OutputStream output;                          //socket 输入输出流定义
                //接收客户端信息,从 socket 管道取数据
            input = socket.getInputStream();
                        BufferedReader bff = new BufferedReader(new InputStreamReader
                        (input));
                    //BufferedWriter bw = new BufferedWriter(new OutputStreamWriter
                        (socket.getOutputStream(),"utf-8"));
                output = socket.getOutputStream();
            System.out.println("readComm str:" + str);
            //向客户端发送信息
            output.write(str.getBytes("utf-8"));          //发送 editText 内容
            output.flush();
            //半关闭 socket
          socket.shutdownOutput();                        //只关闭相应的输入 Input、输出 Output
                                                          //流,并没有同时关闭网络连接
            //得到客户端信息
                while ((line = bff.readLine()) != null) { //读 socket 数据
                sendMsg(line);//发数据到串口指挥 Arduino
                System.out.println("str = ;" + test);
```

```java
                System.out.println("sendMsg line:" + line);
            }
            //关闭输入输出流
                bff.close();
                input.close();
                socket.close();
            } catch (IOException e) {
                e.printStackTrace();
            }
        }
    }
//读取串口返回信息并将读取的数据送入 Socket 管道到 Android
public void readComm() {
    test = "";
    byte[] readBuffer = new byte[1024];
    try {
        iStream = comPort.getInputStream();
        //从线路上读取数据流
            int len = 0;
            while ((len = iStream.read(readBuffer)) != -1) {
                //System.out.println("实时反馈:" + new String(readBuffer, 0, len).trim() + new Date());
                System.out.println("实时反馈:" + new String(readBuffer, 0, len).trim());
                test += new String(readBuffer, 0, len).trim();
                break;
            }
            str = test;
            System.out.println("readComm test:" + test);
    } catch (IOException e) {
        e.printStackTrace();
    }
}
//初始化串口
    public static void init() {
        String osName = "COM14";                        //通过设备管理器查看本机的 Serial
                                                        Comm Port,据此修改串口参数名称
        try {
            portid = CommPortIdentifier.getPortIdentifier(osName);    //得到 COM 串口的对象
            //portid = CommPortIdentifier.getPortIdentifier(Port);
            if(portid.isCurrentlyOwned()){
            System.out.println("端口在使用");
            }else{
            comPort = (SerialPort) portid.open("aaaa", 1000);
        //serialPort = (SerialPort) portId.open("串口所有者名称", 2000);
                                            //这里的"串口所有者名称是任意的字符串
            }
```

```
        } catch (PortInUseException e) {
        System.out.println(portid.getName() + "端口被占用,占用端口的对象是:" + portid.
        getCurrentOwner());
        e.printStackTrace();
        } catch (NoSuchPortException e) {
        System.out.println("端口不存在");
        e.printStackTrace();
        }
        try {
        iStream = comPort.getInputStream();           //定义从COM获取数据
        oStream = comPort.getOutputStream();          //定义向COM输出数据
        } catch (IOException e) {
        e.printStackTrace();
        }
        try {
        //向串口添加事件监听对象
        comPort.addEventListener(new SerialPort_Runable(socket));
                                                      //给当前串口增加一个监听器,
        //port.addEventListener(commListener);        //其中port是上文打开的串口端口,
                                                      commListener是上文的监听器实例
        //commListener是包含当前监听的上文实例
        //当有数据是通知,设置当端口有可用数据时触发事件,此设置必不可少
        comPort.notifyOnDataAvailable(true);
        } catch (TooManyListenersException e) {
        e.printStackTrace();
        }
        try {
        //设置串口参数依次为波特率、数据位、停止位、奇偶检验
        comPort.setSerialPortParams(SerialPort_Runable.BAUD, SerialPort_Runable.DATABITS,
        SerialPort_Runable.STOPBITS, SerialPort_Runable.PARITY);
        } catch (UnsupportedCommOperationException e) {
        System.out.println("端口操作命令不支持");
        e.printStackTrace();
        }
    }

//向串口发送信息方法
    public static void sendMsg(String testData) {
        try {
            //# testData
            //String testData = line;
            System.out.println("从手机传送来的信息:" + testData);

            if(testData.equals("1")){                 //本段代码是为了程序验证用的
```

```java
            testData = "1";
            System.out.println("手机发来的信息(程序验证用):" + testData);
            }
            oStream.write(testData.getBytes());
            System.out.println("已向串口发送信息:" + testData);
            //oStream.write(48);
            //iStream.close();
            //comPort.close();
        } catch (IOException e) {
            System.out.println("发送信息失败:" + testData);
            e.printStackTrace();
        }
    }
//串口事件监听处理
@Override
public void serialEvent(SerialPortEvent event) {
    switch (event.getEventType()) {
        case SerialPortEvent.BI:                        //通信中断
        case SerialPortEvent.OE:                        //溢位错误
        case SerialPortEvent.FE:                        //帧错误
        case SerialPortEvent.PE:                        //奇偶校验错误
        case SerialPortEvent.CD:                        //载波检测
        case SerialPortEvent.CTS:                       //清除发送
        case SerialPortEvent.DSR:                       //数据设备准备好
        case SerialPortEvent.RI:                        //响铃侦测
        case SerialPortEvent.OUTPUT_BUFFER_EMPTY:       //输出缓冲区已清空
            break;
        case SerialPortEvent.DATA_AVAILABLE:            //有数据到达
            readComm();
            //sendMsg();
            break;
        default:
            break;
    }
}
}
```

运行项目:Java 服务器端,结果如图 11-12 所示。

```
问题 @ Javadoc 声明 控制台 ⊠  LogCat
Server [Java 应用程序] C:\Program Files\Java\jdk1.7.0_15\bin\javaw.exe ( 2016-8-24 下午3:07:44 )
Start (等待客户端连接)......
```

图 11-12 Java 服务器端运行界面

Java 服务器等待 Android 客户端的接入。单击红色方框可结束程序运行,自动释放占用的通信地址(包括 IP 和端口)。

11.5.2 服务器端主程序 SerialPort_Runable.java 分析

主程序 SerialPort_Runable.java 为了完成对串口的控制和与客户端的联系任务,分别定义了两种流数据处理方式。
串口数据流处理如下:

```
OutputStream oStream;              //串口输出流
InputStream iStream;               //串口输入流
```

网络通信的 Socket 数据流处理如下:

```
InputStream input;                 //socket 输入输出流定义
OutputStream output;               //socket 输入输出流定义
```

下面对各个模块分别进行讲解。
(1) 线程 run()分析
对 Socket 网络通信做了输入输出的数据流处理。
(2) 串口初始化 init()
打开 Arduino 串口端口,并将端口与串口数据流定义关联。设置串口参数依次为波特率、数据位、停止位、奇偶检验、向串口添加事件监听对象等,前简单网络通信实例完全一样。
(3) 串口事件监听处理
serialEvent(SerialPortEvent event),与前面简单网络通信实例相同,只是在串口接收到数据时启动 readComm()接收相应数据。
(4) 读取串口返回信息 readComm()
readComm()不仅要能读取 Arduino 发往串口的数据,还要能将读取的串口数据送到网络通信的 Socket 管道中,通过管道到达 Android 端。
(5) 向串口发送信息 sendMsg(String testData)
sendMsg(String testData)将从 Android 客户端接收的数据发送到串口端,等待 Arduino 的接收。

11.5.3 shutdownOuput( )及其半关闭

在线程 run()中对 socket 做写入操作时,使用了如下语句:
shutdownOuput():关闭 Socket 的输出流,程序还可以通过该 Socket 的输入流读取数据。
shutdownInput():关闭 Socket 的输入流,程序还可以通过该 Socket 的输出流输出数据。
当调用 shutdownInput()或 shutdownOutpu()方法关闭 Socket 的输入流或输出流之后,该 Socket 处于"半关闭"状态。
当调用 Socket 的 shutdownOutput()或 shutdownInput()方法关闭了输出流或输入流之后,该 Socket 无法再次打开输出流或输入流,因此这种做法通常不适合保持持久通信状态的交互式使用,只适合一站式的通信协议,例如 HTTP 协议:客户端连接到服务器后,开始发送数据,发送完成后无须再次发送数据,只需要读取服务器响应数据即可,当读取响应完成后,该 Socket 连接也被关闭了。
在简单网络通信实例中,并没有使用半关闭方法,但在这里却使用了该方法。因为如果不加 socket.shutdownOutput()这句代码,则客户端输出不了结果。可加了这一句之后,该 Socket 连接也被关闭了,不能再发信息。后面的客户端程序运行中可十分明显地加以验证。显然,有此一点,readComm()将读取的串口数据送到网络通信的 Socket 管道中的连续发送任务就无法实现。这是一个要克服的矛盾,希望同学们在课余时间充分发挥自己的编程才能重新对项目程序完全解构予以解决。

11.6 红外报警网络通信交互设计——客户端

新建 Android 项目,项目名称为:Android 客户端;包路径为:com.example.socket;启动 Activity 类为:MainActivity.java;主界面布局为:activity_main.xml。

为了客户端程序实现网络通信的功能,必须在 Android 项目的配置清单文件中增加项目对互联网的许可。即 AndroidManifest.xml 文件最后一行之前添加 INTERNET 许可,如下所示:

```
<uses-permission android:name="android.permission.INTERNET"/>
</manifest>
```

11.6.1 客户端界面布局设计(activity_main.xml)

完整代码如下:

```
<RelativeLayout xmlns:android="http://schemas.android.com/apk/res/android"
    xmlns:tools="http://schemas.android.com/tools"
    android:layout_width="match_parent"
    android:layout_height="match_parent"
    android:paddingBottom="@dimen/activity_vertical_margin"
    android:paddingLeft="@dimen/activity_horizontal_margin"
    android:paddingRight="@dimen/activity_horizontal_margin"
    android:paddingTop="@dimen/activity_vertical_margin"
    tools:context=".MainActivity">
<EditText
        android:id="@+id/ed1"
        android:layout_width="match_parent"
        android:layout_height="wrap_content"
        android:hint="点下面按钮给服务器发送信息控制 LED 灯"
        android:editable="false"/>
<Button
        android:id="@+id/send"
        android:layout_width="match_parent"
        android:layout_height="wrap_content"
        android:layout_below="@id/ed1"
        android:text="红灯亮"/>
<Button
        android:id="@+id/send0"
```

```
        android:layout_width = "match_parent"
        android:layout_height = "wrap_content"
        android:layout_below = "@id/send"
        android:text = "红灯灭"/>
<TextView
        android:id = "@ + id/txt1"
        android:hint = "显示服务器状态信息"
        android:layout_width = "match_parent"
        android:layout_height = "wrap_content"
        android:layout_below = "@id/send0"/>
<TextView
        android:id = "@ + id/txt2"
        android:hint = "显示 Arduino 串口信息"
        android:layout_width = "match_parent"
        android:layout_height = "wrap_content"
        android:layout_below = "@id/txt1"/>
<Button
        android:id = "@ + id/send1"
        android:layout_width = "match_parent"
        android:layout_height = "wrap_content"
        android:layout_below = "@id/txt2"
        android:text = "启动人体红外自动检测"/>
</RelativeLayout>
```

设计界面布局图如图 11-13 所示。

图 11-13　红外交互客户端界面

11.6.2 客户端主程序(MainActivity.java)代码

MainActivity.java 程序看上去很长,但其实比较简单。主要有三部分。

(1) 负责 Socket 网络通信的线程类 MyThread。

在其 run()中,定义了 Socket 连接,主要语句已经熟悉,如下:

```
//连接服务器并设置连接超时为 5 秒
socket = new Socket();                                                    //定义 Socket
socket.connect(new InetSocketAddress("192.168.1.100", 30001), 5000);      //连接 Socket
```

注意修改 IP 地址和端口地址与 PC 服务器的一致。此时的 Socket 是面向服务器的数据流管道。

同时,该线程既能向 Socket 发送信息,也可以接收信息。

(2) 在 onCreate 周期即建立 Activity 时的事件中,可以单击按钮启动 MyThread 线程,完成发送和接收数据。

(3) 负责将子线程数据刷新主 UI 界面的 Handler 实例:myHandler。

完整代码如下:

```java
package com.example.socket;
import java.io.*;
import java.net.*;
import android.app.Activity;
import android.os.Bundle;
import android.os.Handler;
import android.os.Message;
import android.util.Log;
import android.view.Menu;
import android.view.View;
import android.view.View.OnClickListener;
import android.widget.Button;
import android.widget.EditText;
import android.widget.TextView;
//要实现网络通信,应在配置文件中设置相应权限
//<uses-permission android:name="android.permission.INTERNET" />
public class MainActivity extends Activity{
    Socket socket = null;
    String buffer = "";
    TextView txt1,txt2;
    Button send,send1,send2,send0;
    EditText ed1;
    String geted1;
    private static final String TAG = "TCP";
    public Handler myHandler = new Handler() {
        @Override
        public void handleMessage(Message msg) {
```

```java
            if (msg.what == 0x11) {
                Bundle bundle = msg.getData();              //判断传过来的 what 是否等于 0x11,如果等于
                                                            //  取出传过来的数据
                txt1.setText("server:" + bundle.getString("msg") + "\n");
            }
            if (msg.what == 0x22) {                         //采集的传感器数据
                Bundle bundle = msg.getData();
                txt2.setText("Arduino:" + bundle.getString("msg") + "\n");
            }
        }
    }

    @Override
    protected void onCreate(Bundle savedInstanceState) {
        super.onCreate(savedInstanceState);
        setContentView(R.layout.activity_main);
        txt1 = (TextView) findViewById(R.id.txt1);
        txt2 = (TextView) findViewById(R.id.txt2);
        send = (Button) findViewById(R.id.send);
        send0 = (Button) findViewById(R.id.send0);
        send1 = (Button) findViewById(R.id.send1);
        send.setOnClickListener(new OnClickListener() {
            @Override
            public void onClick(View v) {
                geted1 = "1";
                //启动线程向服务器发送和接收信息
                new MyThread(geted1).start();
            }
        });
        send0.setOnClickListener(new OnClickListener() {
            @Override
            public void onClick(View v) {
                geted1 = "0";
                //启动线程向服务器发送和接收信息
                new MyThread(geted1).start();
            }
        });
        send1.setOnClickListener(new OnClickListener() {
            @Override
            public void onClick(View v) {
                geted1 = "A";
                //启动线程向服务器发送和接收信息
                new MyThread(geted1).start();
            }
        });
    }

    class MyThread extends Thread {
        public String txt1;
```

```java
            public MyThread(String str) {
                txt1 = str;
                Log.d(TAG, "1:" + txt1 + "'");
            }
            @Override
            public void run() {
                //定义消息
                Message msg = new Message();
                msg.what = 0x11;                       //发送消息的时候可以设置 what 参数和传递
                                                        Bundle 类型的数据,what 参数此处为判断标记
                Bundle bundle = new Bundle();
                bundle.clear();
                try {
                    //连接服务器并设置连接超时为 5 秒
                    socket = new Socket();              //定义 Socket
                    socket.connect(new InetSocketAddress("192.168.1.100", 30001), 5000);
                    //连接 Socket
                    //获取输入输出流
                    OutputStream ou = socket.getOutputStream();            //到服务器的输出流
                    BufferedReader bff = new BufferedReader(new InputStreamReader(
                        socket.getInputStream()));   //到客户端的输入流包装成 BufferedReader
                    //读取服务器发来的信息赋值到 buffer
                    String line = null;
                    buffer = "";
                    while ((line = bff.readLine()) != null) {   //普通的 IO 操作:bff.readLine()
                        buffer = line + buffer;
                    }
                    Log.d(TAG, "buffer:" + buffer + "'");
                    //向服务器发送信息
                    ou.write(txt1.getBytes("gbk"));
                    ou.flush();
                    if(buffer.length()>0){
msg.what = 0x22;
bundle.putString("msg", buffer.toString());
                        msg.setData(bundle);
                    }else{msg.what = 0x11;}
                    //发送消息修改 UI 线程中的组件
                    myHandler.sendMessage(msg);
                    //关闭各种输入输出流
                    bff.close();
                    ou.close();
                    socket.close();
                } catch (SocketTimeoutException aa) {
```

```
            //连接超时在 UI 界面显示消息
    msg.what = 0x11;
            bundle.putString("msg","服务器连接失败！请检查网络是否打开" + aa);
            msg.setData(bundle);
            //发送消息修改 UI 线程中的组件
            myHandler.sendMessage(msg);
        } catch (IOException e) {
            //e.printStackTrace();
    Log.e(TAG,Log.getStackTraceString(e));
    msg.what = 0x11;
    bundle.putString("msg","服务器连接失败！请检查网络是否打开" + e);
            msg.setData(bundle);
        }
      }
    }
}
```

将程序下载到 Android 手机，连接 PC 服务器，启动服务器程序运行，确保 PC 与手机均连接到一个网络中，单击"Android 客户端"App 应用，运行结果如图 11-14 所示。

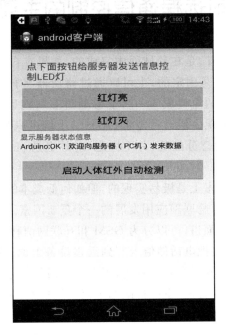

图 11-14　红外检测客户端运行结果

点按红灯亮灭可以看到 Arduino 的红灯的变化，单击"启动人体红外自动检测"，可在服务器的控制台上看到 Arduino 采集到红外传感器的数据变化。目前程序还不能在客户端看到传感器数据变化，主要是服务器的程序没有将数据发送到 Socket 管道之中的原因，前面已经谈到过。现在只能接收到来自服务器的一条信息："OK！欢迎继续向服务器（PC）发来数据"。如果修改项目能够连续接收数据，只对服务器端的 Java 发送数据程序做全部的修改即可，客户端的程序是没有问题的。

整个项目的运作过程可以这样理解:先启动 Server 端,进入一个死循环以便一直监听某端口是否有连接请求。然后运行 Client 端,客户端发出连接请求,服务端监听到这次请求后向客户端发回接收消息,连接建立,启动一个线程去处理这次请求,然后继续死循环监听其他请求。客户端输入字符串后按 Enter 键,向服务器发送数据。服务器读取数据后回复客户端数据,客户端接收到 "OK! 欢迎继续向服务器(PC)发来数据"。这次请求处理完毕,启动的线程消亡。

在程序除了接收子线程发送的数据,并用此数据配合主线程更新 UI 的 Handler 之外,还使用了 Bundle,Bundle 变量是在不同的 Activity 之间传递数据的,程序中主要使用的是 putString()和 getString();保存一个键值和取出一个键值。

保存键值的主要语句如下:
```
bundle.putString("msg", buffer.toString());
msg.setData(bundle);
```

取出键值的主要语句如下:
```
Bundle bundle = msg.getData();
txt1.append("server:" + bundle.getString("msg") + "\n");
```

11.7 当前远程通信控制的主要实现方法

以上实验为了方便和节省,是在局域网中完成的,如果有自己的公网 IP 地址,或者是即使在局域网中但外网 IP 地址是固定的,也可以通过路由器将自己的主机(包括计算机名与端口)映射到外网,使得自己的主机成为一台能够通过互联网远程访问的服务器。那么,本套程序均可在外网中远程实现。但通过宽带(ADSL)上网的家庭 IP 地址是不可以访问的,因为宽带上网的 IP 地址是动态分配的,并不固定,对外也是 ping 不通的,更不要说 telnet 到端口了。

目前,实现远程控制在技术上是极易实现的,但如何低成本的稳定可靠运行却是极不易实现的。这也是制约智能家居等物联网应用发展的一个重要因素。

当前,远程通信从大的方面讲,可以分为 GSM 和互联网两种方式。

GSM 方式比较传统,需要把电话储值卡装到远程设备上通过短信指令方式控制,通过移动电话运营商服务,像手机一样也需要交月租,不需要专门的服务器。

互联网方式应当说是发展方向,也是目前的主流实现技术(互联网+)。同时,远程通信互联网方式实现的方法也是很多的,并且还会有更多的更为方便的方法涌现,因为目前的方法还没有最好的,即使云服务也在发展中。

下面以智能家居为例来看一下互联网方式实现远程通信访问的现状。

第一种情况:由智能家居设备制造商搭建好服务器,通常为 DDNS(动态域名解析)方式,将解释域名内置到智能家居设备里面,用户无须搭建服务器,使用时需要把智能家居设备连接到家里的路由器,手机需要安装配套的 App 软件,当在家里控制时是通过 WiFi 内网连接遥控,当不在家里时,在外面可用手机通过移动互联网运行 App,App 会通过 DDNS 服务器找到你家里的设备进行连接遥控。

第二种情况:也有些低端的智能家居设备制造商没有能力搭建服务器,通常由用户自己申请"花生壳""nat123"之类的动态域名填到设备的设置里面,路由器要做端口映射,通过这种方式稳定性是大问题,远程控制有时连接不稳定,遥控不了,但不影响内网使用。

第三种情况:使用云服务器等第三方服务器,目前有很多公司参与其中,但还没有更好的规范,阿里云等都推出了各自的智能家居平台。智能家居平台可谓各自搭台唱戏,大企业布局虽然大胆,但各自自建标准,平台合作伙伴极其分散。无论如何,云服务无疑是远程通信的最好方法,应该有好的前景。同学们如果对此感兴趣,可以先对智能家居阿里云服务器后台源码做一些课外功课,当然,这里面包含的知识点和知识量有点多,要花一些功夫。智能家居部分代码中的主要知识点有:Android 应用开发、网络编程(TCP/IP 协议)、MySQL 数据库编程、阿里云 C 语言服务器环境的搭建、ARM 嵌入式底层驱动开发、Linux 操作系统的移植、ARM+Linux 下 WiFi 驱动编译移植(或者有线网络也可以)、433 模块驱动编译移植、红外模块驱动编译移植、红外遥控解码学习、1838 红外接收头解码、1602 液晶屏显示、433 射频通信、语音模块、Linux 系统 QT 界面开发、PCB 板硬件设计以及 51 单片机编程知识。

第 12 章　Android 网络远程控制 Arduino(WiFi 模块)

本章的实验内容与第 11 章都是在局域网下实现的,如果要在广域网下运行,就必须拥有公网 IP 地址,具体实现可详见第 11 章的最后一节的相关说明。

Android 通过网络远程控制 Arduino,第一种方法是将 PC 作为服务器直接将串口相连,通过 PC 服务器的串口控制 Arduino 串口,移动 Arduino 通过网络与 PC 服务器连接实现远程网络控制;第二种方法是比较完善的方案,Arduino 增加 WiFi 扩展板(比如 ESP8266 串口 WiFi 扩展板),实现串口 WiFi,其他方面与第一种完全相同。本章先对无 WiFi 扩展板的 Arduino 进行设计。无论 Arduino 是否使用 WiFi 扩展板模块,Android 通过网络(局域网或互联网)远程与 Arduino 通信,都必须有服务器做桥梁,或建立本地服务器,或建立远程服务器。

本项目的实现目标为:Arduino 检测周围是否有人,有人点亮红灯,无人红灯熄灭。Android 通过设置 WiFi 功能,连接 WiFi 网络,看到 Arduino 检测结果,并能够主动指挥红灯的亮灭效果。

12.1　ESP8266 模块的使用及测试

12.1.1　TTL-USB 连接 ESP8266 的方法

ESP8266 是 Espressif(乐鑫信息技术)推出的一款物联网 WiFi 物联网模块。

特别注意一下,供电接 3.3 V,千万别接 5 V,如果接 5 V,有可能在 2 分钟后芯片温度就达到 100 ℃以上,极易将芯片烧毁!

对于 Esp8266 新版(全 IO 口引出)的版本,若想从 FLASH 启动进入 AT 系统,只需 CH-PD 引脚接 VCC 或接上拉电阻(不接上拉电阻的情况下,串口可能无数据),其余三个引脚可选择悬空或接 VCC。

GPIO0 为高电平代表从 FLASH 启动,GPIO0 为低电平代表进入系统升级状态,此时可以经过串口升级内部固件,RST(GPIO16)可做外部硬件复位使用。

测试系统不同,接线方法也选择有多种,请各位根据自己的情况进行选择,推荐接法:在 CH-PD 和 VCC 之间焊接电阻后,将 UTXD、GND、VCC、URXD 连上 USB-TTL(两者的 TXD 和 RXD 交叉接)即可进行测试,如图 12-1 所示。

可通过 USB_TLL 串口线连接 WiFi 模块,USB_TLL 串口线有包线和不包线两种样式,不包线的可通过杜板线按标记连接,包线的连接标记如图 12-2 所示,USB 转 TTL 转换器上有四根线,定义如下:线序定义红+5 V,黑 GND、白 RXD、绿 TXD。

第 12 章　Android 网络远程控制 Arduino(WiFi 模块)

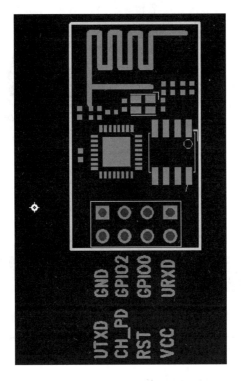

图 12-1　Esp8266 新版(全 IO 口引出):模块正面 IO 示意图

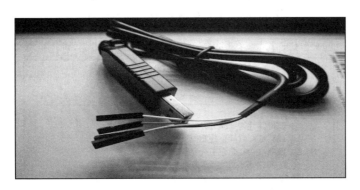

图 12-2　USB_TLL 串口线

按图 12-3 将 USB-TTL 与 WiFi 模块硬件连接好(本实验只需连接 5 个针,其余 3 个针暂悬空即可)。

但 WiFi 模块上有两个 3.3 V 的接口(一个是 VCC,另一个是 CH-PD)需要接,TTL-USB 只有一个 3.3 V,可将 WiFi 模块的中间(CH-PD)这个 3.3 V 接到 Arduino 的 3.3 V 输出。这样就可以了。

硬件连接正确,WiFi 模块上电后,蓝色灯微弱闪烁后熄灭,红灯长亮。此时,可通过具有 WiFi 功能的计算机或手机搜索无线网络,可见 AI-THINKER_XXXXXX 已经处于列表中(后面的数字是 MAC 地址后几位),如图 12-4 所示。

右击"我的电脑",在"属性"选项中点开"硬件"选项卡,找到"设备管理器",在"端口(COM 和 LPT)"中,查看一下 USB-To-Serial Comm Port 后面括号里对应的是 COM6 或是其他接口号,这个就是模块的接口号了,记住这个接口号,如图 12-5 所示。

图 12-3　Esp8266 与 TTL-USB 连接示意图

图 12-4　无线网络列表中的 esp8266 显示

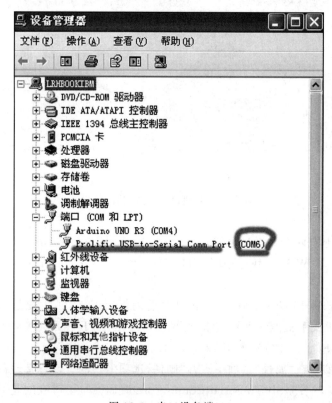

图 12-5　串口设备端口

第 12 章　Android 网络远程控制 Arduino(WiFi 模块)

现在开始进入调试阶段。

运行串口调试工具 sscom4.2。串口号选择刚刚看到的这个端口——COM6，出厂波特率(默认):115 200 Baud,勾选"发送新行"复选框,如图 12-6 所示。

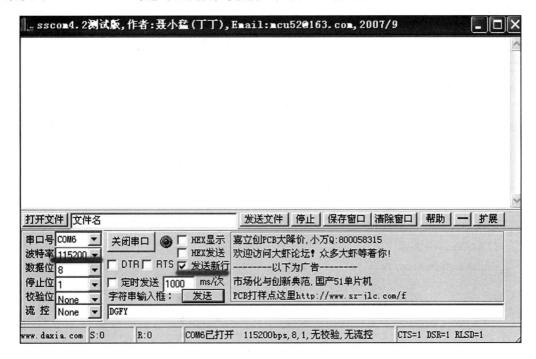

图 12-6　sscom 设置示意

(提醒:使用 USR-TCP232-Test.exe 等其他串口软件进行测试时,在输入命令后必须再按一下 Enter 键,然后再按发送!)

然后点"打开串口",上面的窗口有可能会出现一堆乱码,先不用管它:单击右边的"清除"按扭可以清屏。

12.1.2　Esp8266 模块常用 AT 命令

(1) AT＋RESTORE 恢复出厂设置。
(2) 模块重启命令。

在 sscom4.2 软件的下面命令行中输入:AT＋RST,单击"发送"。

这时上面的窗口显示如下:

```
AT + RST

OK

 ets Jan  8 2013,rst cause:2,boot mode:(3,7)

load 0x40100000,len 1396,room 16
tail 4
```

```
chksum 0x89
load 0x3ffe8000,len 776,room 4
tail 4
chksum 0xe8
load 0x3ffe8308,len 540,room 4
tail 8
chksum 0xc0
csum 0xc0


2nd boot version:1.4(b1)
　　SPI Speed　　　:40 MHz
　　SPI Mode　　　 :DIO
　　SPI Flash Size & Map:8Mbit(512KB+512KB)
jump to run user1 @ 1000


don't use rtc mem data
Ai-Thinker Technology Co.,Ltd.


Invalid
```

AT+RST 这条命令是让模块重启一下。

只要能显示上面的信息,说明重启动成功。如果没有任反映,请把中间(CH-PD)的这个 3.3 V 的线重拔插一下再试。

(3) 配置模块波特率

`AT+UART=<baudrate>,<databits>,<stopbits>,<parity>,<flow control>`

应用举例

`AT+UART=9600,8,1,0,0`

表示配置为波特率 9 600 Baud,数据位 8 位,停止位 1 位,无校验,无数据流控制。

注意:一般 esp8266 固件中已经配置好了波特率为 115 200 Baud,修改为 9 600 Baud 后,固件恢复出厂设置后又会变为 115 200 Baud,只有重刷固件才能根本修改。通过 AT+RST 重启并不改变已有的修改。

(4) 设置 WiFi 模块的工作模式

接着输入:AT+CWMODE=3

显示:

```
----------------分割线----------------
AT+CWMODE=3
OK
----------------分割线----------------
```

以上这句是把模块设置为 softAP+station 共存模式。

注:模块一共有三种工作模式。

① Station 第一种是客户端模式;

② AP 第二种是接入点模式；

③ Station＋AP 第三种是两种模式共存。

执行完上面的命令，模块就工作在第三种模式下了。现在它即是一个无线 AP，又是一个无线客户端。

当然，要让它生效还必须重启一下模块。直接拔插边上的 3.3 V 电源(VCC)，就能重启，也可以用第一步中的命令(AT＋RST)重启。

现在可以在手机或笔记电脑上看到多出一个网络信号如图 12-7 所示。

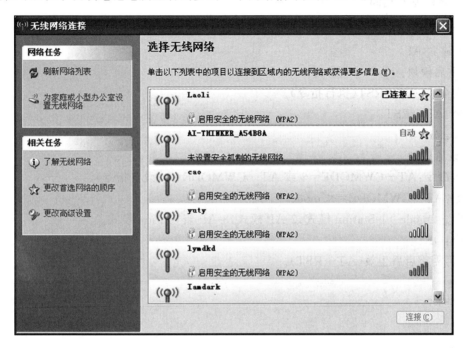

图 12-7　设置成功后多出的 AP 信号图

(5) 配置 AP 参数(设置 AP 接入点)。

发送命令：AT＋CWSAP＝"TEST","123456123456",1,3。

指令模式：AT＋ CWSAP＝ ＜ssid＞,＜pwd＞,＜chl＞, ＜ecn＞。

说明：指令只有在 AP 模式开启后有效。

＜ssid＞：字符串参数，接入点名称。

＜pwd＞：字符串参数，密码最长 64 字节，ASCII 码。

＜chl＞：通道号。

＜ecn＞：0-OPEN,1-WEP,2-WPA_PSK,3-WPA2_PSK,4-WPA_WPA2_PSK。

响应：OK。

这说明已经连接到 AP 的无线路由器了。

刷新无线网络列表，可见到 SSID 为 TEST 的无线网络(替代原来的 AT_THINKER_XXXXXX)列于其中，如图 12-8 所示。

图 12-8　修改 SSID 后无线列表示意

注意：此时连接网络会如果出现连接不上的情况，请发送 AT＋RST 命令并等待几分钟之后再连接。

12.1.3 数据发送与接收

以下数据接收发送的不同设置预先做的一步是重启模块:AT+RST,不再重复说明此步骤。

Esp8266 发送接收数据可有两种方式实现,一是 AP 模式,二是 STA(Station)模式(客户端模式)Station 模式与 AP 模式不同在于,Station 模式需要让模块连接上所在路由器的 WiFi。其余的基本相同。

1. AP 模式

(1) 建立 AP

1) 重启模块

发送命令:AT+RST(执行指令)。

指令:AT+RST。

响应:OK。

2) 设置模块

发送命令:AT+CWMODE=3 或 AT+CWMODE=2(设置指令)。

指令:AT+CWMODE=<mode>。

说明:<mode>1-Station 模式,2-AP 模式,3-AP 兼 Station 模式。

响应:OK。

说明:需重启后生效(AT+RST)。

```
AT + CWMODE = 3

OK
AT + CWMODE = 2

OK
AT + RST

OK
```

---

3) 配置 AP 参数

发送命令:AT+CWSAP="TEST""123456123456",1,3(设置指令)。

无线 TEST 的密码为 123456123456。

4) 查看已接入设备(与 esp8266 模块相连的网络设备,如计算机或手机)的 IP 地址

连接上 TEST 后,发送命令:AT+CWLIF(执行指令)。

指令:AT+CWLIF。

说明:查看已接入设备的 IP。

响应:<ip addr>

OK

说明:<ip addr>已接入设备的 IP 地址,正确响应如下:

第 12 章 Android 网络远程控制 Arduino(WiFi 模块)

AT + CWLIF

192.168.4.2,f8:2f:a8:c5:c9:51

OK

如果返回命令没有地址信息,表示网络成功建立,目前无设备连入。可能的原因是还没有在计算机上连接到 TEST 网络。如果无线网络实际已连接上,请等待几分钟后再发送 AT＋CWLIF 命令进行查询。连接 TEST 无线网络要输入网络安全秘钥,如图 12-9 所示。

图 12-9 无线密码的输入界面

5) 查询本机(esp8266 模块)IP 地址

发送命令:AT＋CIFSR(执行指令)。

指令:AT＋CIFSR。

说明:查看本模块的 IP 地址。

注意:AP 模式下可能无效! 会造成死机现象! 实际测试中并未发生死机现象。

响应:＜ip addr＞。

说明:＜ip addr＞:本模块 IP 地址。

AT + CIFSR

+ CIFSR:APIP,"192.168.4.1"
+ CIFSR:APMAC,"1a:fe:34:99:78:07"

OK

显示 AP IP 地址,注意查看已接入设备的 IP 命令 AT+CWLIF 得到的设备地址的区别。

(2) Server 方法收发

查询此时模块状态(该步骤可省略)。

① 发送命令 AT+CWMODE(查询指令)。

指令:AT+CWMODE。

说明:查看本模块的 WiFi 应用模式。

响应:+CWMODE:<mode>

OK

说明:<mode>:1-Station 模式,2-AP 模式,3-AP 兼 Station 模式。

② 发送命令 AT+CIPMUX(查询指令)。

指令:AT+CIPMUX。

说明:查询本模块是否建立多连接。

响应:+ CIPMUX:<mode>

OK

说明:<mode>:0-单路连接模式,1-多路连接模式。

③ 发送命令 AT+CIPMODE(查询指令)。

指令:AT+CIPMODE。

说明:查询本模块的传输模式。

响应:+ CIPMODE:<mode>

OK

说明:<mode>:0-非透传模式,1-透传模式。

④ 发送命令 AT+CIPSTO(查询指令)。

指令:AT+CIPSTO。

说明:查询本模块的服务器超时时间。

响应:+ CIPSTO:<time>

OK

说明:<time>:服务器超时时间,0~2880,单位为 s。

1) 开启多连接模式

发送命令:AT+CIPMUX=1(设置指令)。

指令:AT+CIPMUX=<mode>。

说明:<mode>:0-单路连接模式,1-多路连接模式。

响应:OK。

为什么要启动多路连接模式,意思是允许多个客户端连接,当然模块最多允许 5 个客户端连接(每个客户端对应一个 id 号,0~4)。

2) 创建服务器

将 esp8266 模块设置为 TCP 服务器。

发送命令:AT+CIPSERVER=1,8080(设置指令)。

指令:AT+CIPSERVER=<mode>[,<port>]。

说明:<mode>:0-关闭 server 模式,1-开启 server 模式。

<port>:端口号,缺省值为 333。

响应:OK。

说明:① AT+CIPMUX=1 时才能开启服务器;关闭 server 模式需要重启。

② 开启 server 后自动建立 server 监听,当有 client 接入会自动按顺序占用一个连接。

打开 USR-TCP232-Test.exe,单击 Connect 按钮连接不上(图 12-10),可知 server 服务未开启。

重新开启 server 服务(注意:之前需要再发送一遍 AT+CIPMUX=1 以重新开启多连接模式)。单击 Connect 按钮,出现如图 12-11 所示界面,说明已经连接到 esp8266 服务器。连接成功的首要条件是 esp8266 服务器与计算机在同一无线网络中,因此,连接之前,要启动加入 TEST 网络。

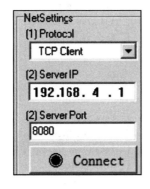

图 12-10　网络助手连接界面

图 12-11　网络连接成功

连接成功后,串口收到模块返回的数据串:0,CONNECT;表示客户端(id 为 0 号的设备)连接成功;再次断开连接(单击 Disconnect),串口收到模块返回的数据串:0,CLOSED;表示客户端关闭。

3) 设置服务器超时时间(默认是 180 s)

发送命令 AT+CIPSTO=2880(设置指令)

指令:AT+CIPSTO=<time>

说明:<time>:服务器超时时间,0~2880,单位为 s。

响应:OK。

注意:设置服务器模式后使用,否则会报错!

4) 建立客户端(图 12-12)

5) 查看当前连接

发送命令 AT+CIPSTATUS(执行指令)。

使用该命令前要确认 USR-TCP232-Test.exe 已经连接到服务器端,注意,当服务器超时该连接会自动终止。

指令:AT+CIPSTATUS。

响应:STATUS:<stat>

+ CIPSTATUS:<id>,<type>,<addr>,<port>,<tetype>

OK

说明:<id>:连接的 id 号 0~4(与 esp8266 模块连接的网络设备的顺序号)

<type>:字符串参数,类型 TCP 或 UDP。

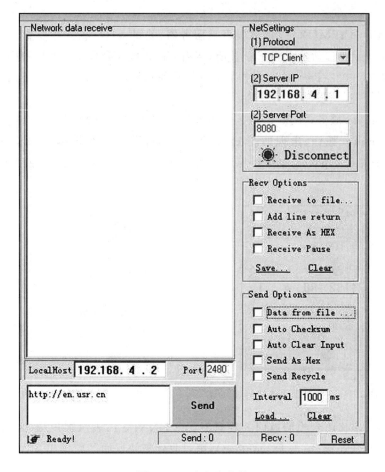

图 12-12 建立客户端

<addr>:字符串参数,IP 地址(与 esp8266 模块连接的网络设备 IP 地址)。
<port>:端口号(与 esp8266 模块连接的网络设备端口地址)。
<tetype>:0-本模块做 client 的连接,1-本模块做 server 的连接。
运行结果:

```
AT + CIPSTATUS

STATUS:5
 + CIPSTATUS:0,"TCP","192.168.4.2",2503,1

OK
```

注意,当前连接的网络设备的 ID 是 0 号。
6) 向某个连接发送数据(如图 12-13)

发送命令 AT+CIPSEND=0,6(设置指令)(通过上一条指令 AT+CIPSTATUS 得知 ID=0)。

指令:① 单路连接时(+CIPMUX=0),指令为 AT+CIPSEND=<length>。

第 12 章　Android 网络远程控制 Arduino(WiFi 模块)

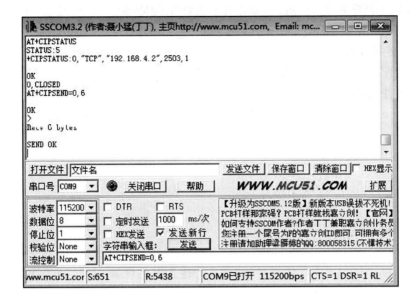

图 12-13　向某个连接发送数据的过程

② 多路连接时(＋CIPMUX=1)，指令为 AT＋CIPSEND= <id>,<length>。
响应:收到此命令后先换行返回">"，然后开始接收串口数据。
当数据长度 length 满时发送数据。
如果未建立连接或连接被断开,返回 ERROR。
如果数据发送成功,返回 SEND OK。
说明:<id>:需要用于传输连接的 id 号。
<length>:数字参数,表明发送数据的长度,最大长度为 2 048。
发送"HELLO!",转向网络助手 USR-TCP232-Test.exe 可接收到"HELLO!",在网络助手端发送任一字符串,串口端也可接收到,如:
＋IPD,0,6:王传东。
表示从 0 号设备接收到 6 个字符及具体的字符串。
(3) Client 方法收发
关闭 server 服务(如果 esp8266 模块没有开启 server 服务,可免除此步骤)。
发送命令:AT＋CIPSERVER=0(设置指令),关闭 server 模式需要重启。

AT + CIPSERVER = 0

OK
AT + RST

OK

1) 创建服务器(图 12-14)
将与 esp8266 模块相连的网络设备(比如计算机或手机)设置为 TCP 服务器。

连接到 TEST 网络后,通过运行 cmd 查看本机的 IP 地址,例如:IPv4 地址——192.168.4.2,然后,在网络助手中设置,单击 Listening,创建成功后,如图 12-14 所示。

2) 开启多连接模式

发送命令:AT+CIPMUX=1(设置指令)。

3) 建立 TCP 连接

发送命令:AT+CIPSTART=2,"TCP","192.168.4.2",8080(设置指令),结果如下:

```
AT + CIPSTART = 2,"TCP","192.168.4.2",8080

2,CONNECT

OK
```

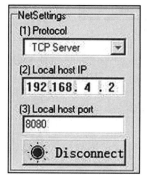

图 12-14 创建服务器

注意,当前定义的连接网络设备 id=2,下面数据发送时要用到该 id。

4) 向服务器发送数据

发送命令 AT+CIPSEND=2,8(设置指令)(通过上一条指令 AT+CIPSTART 设置为 id=2)。

指令:① 单路连接时(+CIPMUX=0),指令为 AT+CIPSEND=<length>。

② 多路连接时(+CIPMUX=1),指令为 AT+CIPSEND=<id>,<length>。

响应:收到此命令后先换行返回">",然后开始接收串口数据。

当数据长度满 length 时发送数据。

如果未建立连接或连接被断开,返回 ERROR。

如果数据发送成功,返回 SEND OK。

说明:<id>:需要用于传输连接的 id 号。

<length>:数字参数,表明发送数据的长度,最大长度为 2 048。

可试验接收,超过 8 个字符的部分不接收。

此时连接已建立,可以进行数据的双向收发。用服务器向 ESP8266 发送数据,也会正常。

2. STA 模式

STA 模式与 AP 模式的数据接收发送的操作基本相同,只需将 esp8266 模块加入当前的无线局域网中。

第一步,将 esp8266 模块加入当前的无线局域网中。

输入:AT+CWJAP="SSID 的信号名","密码"。

比如当前的 WiFi 局域网(现实实验中按自己的具体无线网络情况自行确定)的名称为 Laoli,密码为 lrh13888,那么,将 esp8266 模块连接加入当前的无线局域网中的命令如下。

输入 AT 命令:AT+CWJAP="Laoli","lrh13888"

这时将显示:

```
AT + CWJAP = "Laoli","lrh13888"
WIFI CONNECTED
WIFI GOT IP

OK
```

这说明 esp8266 模块已经连接到当前的无线路由器了。

第二步,查看加入网络后的 esp8266 模块的 AP 和客户端 IP 地址。

输入:AT+CIFSR。

这个命令是查看模块的 IP 地址情况,上面反回如下信息:

```
+CIFSR:APIP,"192.168.4.1"
+CIFSR:APMAC,"1a:fe:34:99:78:07"
+CIFSR:STAIP,"192.168.1.102"
+CIFSR:STAMAC,"18:fe:34:99:78:07"

OK
```

这里有两个 IP 地址,因为模块之前设置成了 AP 和客户端两种模式的原因。上面的 APIP 是作为无线 AP 的 IP 地址。下面的 STAIP 是它作为客户端从路由器获取到的 IP 地址。

其余操作也有服务器(server)方法和客户端(client)方法两种发送接收数据实现手段,可作为课外作业自行完成。在接下来的练习中将使用 STA 模式的 server 方法实现 Arduino 网络通信。

12.2　Arduino 连接 esp8266 网络通信

本节使用 esp8266 模块将 Arduino 连接到无线局域网中,与同一网络中的其他设备进行网络通信。

12.2.1　Arduino 连接 esp8266 电路图

为方便调试,设置软串口连接 esp8266 模块,将 Arduino 的第 2 针设为软串口的 RX,第 3 针设为软串口的 TX。

从 Arduino 的第 13 针接一个 LED 灯,LED 灯的正极接一个 5 V 电源(也可以接 3.3 V),最好接一个 220 Ω 的限流电阻;将 esp8266 的 VCC 和 CH_PD 脚接 Arduino 的 3.3 V(切勿接 5 V),UTXD 对接 Arduino 的引脚 2,URXD 对接 Arduino 的引脚 3。具体连线如图 12-15 所示。

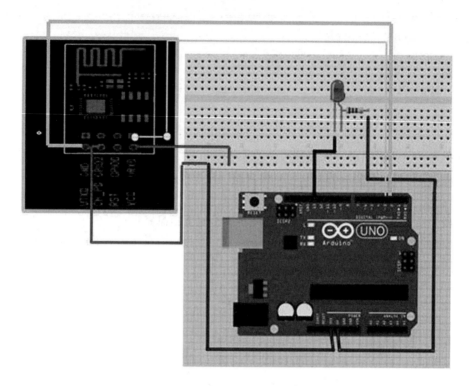

图 12-15　Arduino 连接 esp8266 电路图

12.2.2　Arduino 连接 esp8266 网络通信程序设计

1. 设计目标

将 esp8266 设为服务器端,从 Arduino 软串口接收客户端的数据,并通过硬串口显示接收的数据,Arduino 硬串口发送数据到客户端,客户端接收数据。当软串口接收到"1"时,LED 灯亮,当软串口接收到"0"时,LED 灯灭。

2. 设计步骤

第一步,esp8266 发送接收数据模式设置。将 esp8266 设置为 STA 模式,实现发送接收数据,并将 esp8266 设为服务器端。因为 STA 模式需要将 esp8266 加入当前的无线局域网,因此必须先行获得当前的无线网的 SSID 名称和密码。具体设计详见程序的 setup() 部分。

第二步,服务器端接收数据。接收软串口的数据并进行相关处理,详见程序中 if(esp8266.available())判断部分。

第三步,向客户器端发送数据。接收硬串口的数据并通过 AT 发送命令完成发送任务,详见程序中 if(Serial.available())判断部分。

Esp2688 模块的 AT 命令发送,通过 SendCommand 函数完成;数据发送的 AT 命令通过 sendCIPData 函数实现,具体数据的发送由函数 sendData 完成。

3. 该程序使用到的 AT 命令与实现的目标

该程序要将 Esp2688 模块设置为 STA 模式,加入当前无线网络中,并设为 TCP 服务器端。以便与加入当前无线网络中的手机端(客户端)处于同一个网络中,方便通信和设计。

Esp2688 模块复位:AT+RST。
模块工作模式设置(设置为 STA 模式):AT+CWMODE=1。
模块入网:AT+CWJAP。
查看模块的 IP 地址:AT+CIFSR。
开启多路连接模式:AT+CIPMUX=1。
将 esp8266 模块设置为 TCP 服务器:AT+CIPSERVER=1,80

单片机的端口地址可以设置为 TCP/IP 协议端口号范围(0～65 535)中的任一数值,这一点与有操作系统支持的 PC 有所不同。有操作系统支持的计算机中,有一些固定的端口号,范围从 0～1 023,这些端口号一般固定分配给一些服务。比如 21 端口分配给 FTP 服务,25 端口分配给 SMTP(简单邮件传输协议)服务,80 端口分配给 HTTP 服务,135 端口分配给 RPC(远程过程调用)服务等。动态端口的范围从 1 024～65 535,这些端口号一般不固定分配给某个服务,也就是说许多服务都可以使用这些端口。只要运行的程序向系统提出访问网络的申请,那么系统就可以从这些端口号中分配一个供该程序使用。

4. 程序源码(PE12-1 源码)

```
#include <SoftwareSerial.h>
#define DEBUG true
SoftwareSerial esp8266(2,3);           //设软接口 RX 为 Arduino 线的第 2 针,TX 为 Arduino 线的第 3 针
    //这意味着你需要将 esp8266 模块的 Tx 线连接到 Arduino 的引脚 2
    //同时,将 esp8266 模块的 Rx 线连接到 Arduino 的引脚 3
  String SoftwareSerialdata1 = "";    //保存读取的软串口数据
  String Serialdata1 = "";            //保存读取的硬串口数据
  String content;
    int connectionID;
void setup()
{
  Serial.begin(9600);
  esp8266.begin(9600);                //your esp's baud rate might be different
  //一般 esp8266 固件中已经配置好了波特率为 115200 Baud,修改为 9600 Baud,固件重启又会变为
    115200 Baud
  pinMode(13,OUTPUT);
  digitalWrite(13,HIGH);
//esp8266 模块 sta 模式,入网,Server 方法发送接收数据设置命令
  sendCommand("AT + RST\r\n",2000,DEBUG);            //复位 esp8266 模块
  sendCommand("AT + CWMODE = 1\r\n",1000,DEBUG);     //配置 WiFi 模块的工作模"1"为 Station 模
                                                      (客户端模)
  //sendCommand("AT + CWJAP = \"mySSID\",\"myPassword\"\r\n",3000,DEBUG);
  //将 esp8266 模块加入当前的无线局域网中,网络名称与密码要修改
  sendCommand("AT + CWJAP = \"wxy\",\"sdwewaeg\"\r\n",3000,DEBUG);
  delay(10000);
  sendCommand("AT + CIFSR\r\n",1000,DEBUG);          //查看 esp 模块的 IP 地址
  sendCommand("AT + CIPMUX = 1\r\n",1000,DEBUG);     //开启多路连接模式
  sendCommand("AT + CIPSERVER = 1,80\r\n",1000,DEBUG);//将 esp8266 模块设置为 TCP 服务器,打开
```

```
                                            端口 80 上的服务器,
    Serial.println("Server Ready");
}
void loop()
{
 //软串口 esp8266 数据处理,即 WiFi 模块端数据接收处理
   if(esp8266.available())                   //软串口输出有变化
   {
     SoftwareSerialdata1 = "";               //接收网络另一端数据字符串
     while (esp8266.available()>0) {         //软串口输出有变化,读一串字符的方法
      SoftwareSerialdata1 += char(esp8266.read());
     //延时一会,让串口缓存准备好下一个数字,不延时会导致数据丢失
     delay(2);
     }
   Serial.print("receive data( + IPD) = ");  //接收数据
   Serial.println(SoftwareSerialdata1);
   int ipd = SoftwareSerialdata1.indexOf(" + IPD,");
   //判断返回的数据是否含有 + IPD
   String SoftwareSerialdata2 = "";          //取消多余字符后的数据
   if(ipd>-1)             //参见 10.1.3 程序中对字符串的处理和 Arduino 字符串处理函数介绍
     {
     connectionID = SoftwareSerialdata1.substring(5,1).toInt();   //取网络连接序号
     Serial.print("connectionID = ");        //显示网络连接序号
     Serial.println(connectionID);
     if(SoftwareSerialdata1.indexOf(":")>-1){  //截取接收的真实数据
SoftwareSerialdata2 = SoftwareSerialdata1.substring(SoftwareSerialdata1.indexOf(":") + 1);
     Serial.print("receive data = ");         //显示接收的真实数据
     Serial.println(SoftwareSerialdata2);
     if(SoftwareSerialdata2 == "1"){
         digitalWrite(13,LOW);                //开灯
        }
     if(SoftwareSerialdata2 == "0"){
         digitalWrite(13,HIGH);               //关灯
        }
       }
     }
   }
   // = = = = = = = = = = = = = = = =
   //硬串口发送数据处理,即 WiFi 模块端数据发送处理
   if(Serial.available())                     //串口输出有变化
   {
     Serialdata1 = "";                        //接收串口数据字符串
     while (Serial.available()>0) {           //串口输出有变化,读一串字符的方法
      Serialdata1 += char(Serial.read());
```

```
    //延时一会,让串口缓存准备好下一个数字,不延时会导致数据丢失
    delay(2);
  }
  content = Serialdata1;
  sendCIPData(connectionID,content);
    //断开连接    make close command    关闭命令
    //if(content == "OFF"){
    //String closeCommand = "AT+CIPCLOSE=";
    //closeCommand += connectionID;                       //append connection id
    //closeCommand += "\r\n";
    //sendCommand(closeCommand,1000,DEBUG);               //close connection
    //}
  }
}
/*
名称:sendData。
功能描述:用于将数据发送到 ESP8266。
参数:命令数据/命令发送;超时的时间等待响应;调试打印串行窗口吗?(真的=是的,假=没有)返回:从 ESP8266 响应(如果有反应)。
*/
String sendData(String command, const int timeout, boolean debug)
{
    String response = "";
    int dataSize = command.length()+1;
    char data[dataSize];
    command.toCharArray(data,dataSize);
    esp8266.write(data,dataSize);                        //send the read character to the esp8266
    if(debug)
    {
      Serial.println("\r\n====== sendData Response From Arduino ======");
      Serial.write(data,dataSize);
      Serial.println("\r\n======================================");
    }
    long int time = millis();
    while( (time+timeout) > millis())
    {
      while(esp8266.available())
      {
        //The esp has data so display its output to the serial window
        char c = esp8266.read();                         //read the next character.
        response += c;
      }
    }
```

```
    if(debug)
    {
      Serial.print(response);
    }
    return response;
}
/*
 * Name: sendCIPDATA
 * Description: sends a CIPSEND = <connectionId>,<data> command
 * 向网络连接的设备 id 发送数据 data
 */
void sendCIPData(int connectionId, String data)
{
    String cipSend = "AT+CIPSEND=";
    cipSend += connectionId;
    cipSend += ",";
    cipSend += data.length();
    cipSend += "\r\n";
    sendCommand(cipSend,1000,DEBUG);
    sendData(data,1000,DEBUG);
}

/*
 * 名称:SendCommand。
 * 说明:函数用于将数据发送到 ESP8266。
 * 参数:命令数据/命令发送;超时的时间等待响应;调试打印串行窗口吗?(TRUE =是的,错误的=不)。
 * 返回:从 ESP8266 响应(如果有反应)。
 */
String sendCommand(String command, const int timeout, boolean debug)
{
    String response = "";
    esp8266.print(command);                    //send the read character to the esp8266
    long int time = millis();
    while( (time+timeout) > millis())
    {
      while(esp8266.available())
      {
        // The esp has data so display its output to the serial window
        char c = esp8266.read();               //read the next character.
        response += c;
      }
    }
```

```
if(debug)
{
  Serial.print(response);
}
return response;
}
```

12.2.3 程序运行

第一步,将 PE12-1 源码烧写到 Arduino 板,打开串口监视器,如图 12-16 所示,记住 esp8266 加入无线网络后获得的 STAIP 地址,此即为服务器端 IP 地址。

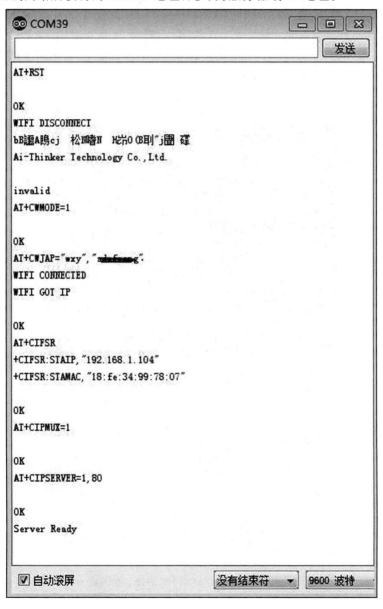

图 12-16 Arduino 串口监视器显示启动 esp8266 的步骤(AT 命令)

第二步,在计算机端(确保该设备已经接入当前的无线局域网中,与 esp8266 处于同一网络中)打开网络调试助手 USR-TCP232-Test.exe,选择网络协议类型为 TCP Client,Server IP 为 esp8266 的 STAIP,端口与 esp8266 定义的一致,单击 Connect 后,连接成功,如图 12-17 所示。

图 12-17　客户端设置

此时,可通过 Arduino 串口监视器发送数据到网络助手,也可通过网络助手发送数据到 Arduino 接收。当在客户端发送"1"时,Arduino 控制 LED 灯亮,发送"0"时,Arduino 控制 LED 灯灭。双向传送时不仅可传送英文字母和数字,也可正确传送汉字。

第三步,手机做客户端进行程序测试。将\Android+Arduino 交互设计\Android+Arduino 交互设计环境支撑软件\串口和网络调试助手软件\下的 USR-TCP-Test.apk(有人网络助手)发送到手机并安装之后,启动"有人网络助手",如图 12-18 所示。选择"tcp client",单击"增加"图标,在增加连接下:输入服务器端 IP 和端口地址,单击"增加"按钮,短暂显示"连接成功"提示,就可以实现与 Arduino 连接的 esp8266 服务器端双向发送与接收数据。

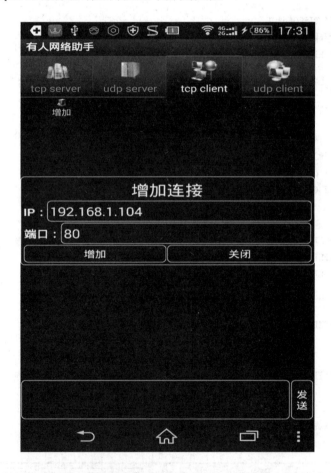

图 12-18　手机网络调试助手客户端方法设置示意

12.3　TCP 客户端 Android 编程

在程序运行中，将手机做客户端与 esp2688 通信时，使用的是第三方软件完成的，下面开始自己动手完成 TCP 客户端 Android 程序。

我们知道，TCP 是网络通信的一种方式而已，分为服务器和客户端。要完成 TCP 通信过程，首先打开服务器，监听自己的网络通信端口（假设为 80），打开客户端，设置好要连接的 IP 地址和服务器的网络通信端口（80），这样服务器一旦监听到网络通信端口有连接，两者就建立了连接。

目前，已经在 Arduino 上将 esp2688 模块加入当前无线网络中，设为服务器端，并已经打开，始终处以监听状态，如图 12-16 所示。因此，只要在 Android 端编写一个客户端程序与之通信即可。

12.3.1　Android 布局设计

在布局文件里加入两个按钮（button），一个控制连接，另一个控制发送消息；四个输入文本框（edittext），一个填写发送的信息内容，一个显示服务器发来的消息，一个填写要链接的 IP 地址，一个填写要链接的端口号。

完整代码：

```
<RelativeLayout
xmlns:android = "http://schemas.android.com/apk/res/android"
 xmlns:tools = "http://schemas.android.com/tools"
 android:layout_width = "match_parent"
 android:layout_height = "match_parent"
 android:paddingBottom = "10dip"
 android:paddingLeft = "5dip"
 android:paddingRight = "5dip"
 android:paddingTop = "4dip"
 tools:context = "com.example.tcp" >
 <!-- 显示的标题:目标 IP 地址 -->
 <TextView
android:textSize = "20dp"
 android:id = "@ + id/IP_tv"
 android:text = "目标 IP 地址"
android:layout_width = "wrap_content"
 android:layout_height = "wrap_content"
 />
 <!-- 显示的标题:目标端口号 -->
 <TextView
android:textSize = "20dp"
```

```xml
        android:id = "@ + id/Port_tv"
        android:text = "目标端口号"
    android:layout_width = "wrap_content"
    android:layout_height = "wrap_content"
    android:layout_below = "@id/IP_tv"
    android:layout_marginTop = "30dp"
    />
    <!-- 用于填写 IP 地址的文本框 -->
    <EditText
android:text = "192.168.1.104"
    android:id = "@ + id/ip_ET"
    android:layout_width = "wrap_content"
    android:layout_height = "wrap_content"
    android:layout_toRightOf = "@id/IP_tv"
    />
    <!-- 用于填写端口号的文本框 -->
    <EditText
android:text = "80"
    android:id = "@ + id/Port_ET"
    android:layout_width = "wrap_content"
    android:layout_height = "wrap_content"
    android:layout_toRightOf = "@id/Port_tv"
    android:layout_alignBottom = "@id/Port_tv"
    />
    <!-- 用于发送信息的文本框 -->
    <EditText
    android:id = "@ + id/Send_ET"
    android:layout_width = "match_parent"
    android:layout_height = "wrap_content"
    android:layout_below = "@id/Port_tv"
    />
    <!-- 用于连接的按钮 -->
    <Button
android:text = "连接"
android:id = "@ + id/Connect_Bt"
    android:layout_width = "wrap_content"
    android:layout_height = "wrap_content"
    android:onClick = "Connect_onClick"
    android:layout_below = "@id/Send_ET"
    />
    <!-- 用于发送信息的按钮 -->
    <Button
```

```
            android:text = "发送"
android:id = "@+id/Send_Bt"
 android:layout_width = "wrap_content"
 android:layout_height = "wrap_content"
 android:onClick = "Send_onClick"
 android:layout_below = "@id/Send_ET"
 android:layout_alignParentRight = "true"
 />
    <!-- 用于接收信息的文本框 -->
    <EditText
android:background = "@android:color/darker_gray"
 android:id = "@+id/Receive_ET"
 android:layout_width = "match_parent"
 android:layout_height = "wrap_content"
 android:layout_below = "@id/Connect_Bt"
 android:layout_alignParentBottom = "true"
 />
      </RelativeLayout>
```

12.3.2 TCP 网络通信客户端功能程序

首先,建立"TCP 网络客户端"Android 项目,包路径名称:com.example.tcp,主类名称默认:MainActivity.java;布局文件默认:activity_main.xml。

按照本项目实现网络连接发送接收数据的目标,程序必须完成的任务主要有:

第一,利用 Socket 套接字实现与 TCP 服务器端的连接;

第二,利用流方式,获取 Socket 的输出流,发送数据到 TCP 服务器端;

第三,启动线程,获取 Socket 的输入流,实时接收 TCP 服务器端的数据。

具体设计,以下将分别详细描述。

1. 设定与连接 TCP 服务器

设定服务器的命令格式:Socket(InetAddress address,int port)

一般使用方法:Socket socket = new Socket(InetAddress address, int port);//创建套接字连接地址和端口,去连接指定的 IP 和端口号,address 填 IP 地址,port 填端口号。

(1) InetAddress 类

InetAddress 类表示服务器的 IP 地址,InetAddress 类来提供了一系列静态工厂方法,用于构造自身的实例,例如:

```
//返回本地主机的 IP 地址
InetAddress addr1 = InetAddress.getLocalHost();
//返回代表"222.34.5.7"的 IP 地址
InetAddress addr2 = InetAddress.getByName("222.34.5.7");
//返回域名为"www.cnblogs.com"的 IP 地址
InetAddress addr3 = InetAddress.GetByName("www.cnblogs.com");
```

举例说明:要连接 IP 地址:192.168.4.1。端口号:8080 的服务器。程序如下:

```
InetAddress ipAddress = InetAddress.getByName("192.168.4.1");
socket = new Socket(ipAddress, 8080);
```

但如上设计就会把 IP 地址和端口固定死,显然不能满足本章的目标要求,因为具体实践中将 esp8266 连接入网的 IP 地址是不能固定的,所以,设置成获取 IP 文本框中的 IP,端口号文本框中的端口号。如下设计程序:

```
InetAddress ipAddress = InetAddress.getByName(IPEditText.getText().toString());
int port = Integer.valueOf(PortText.getText().toString());    //获取端口号
    socket = new Socket(ipAddress, port);
```

这样创建连接地址和端口就方便多了。

(2) 编程连接服务器的方法

当然,Android 中不允许在主线程里连接服务器,所以要做一个按钮单击后启动一个线程来完成上面连接服务器的任务。实现程序如下:

```java
public class MainActivity extends Activity {
Button ConnectButton;                                       //定义连接按钮
Button SendButton;                                          //定义发送按钮
EditText IPEditText;                                        //定义 IP 输入框
EditText PortText;                                          //定义端口输入框
EditText MsgText;                                           //定义信息输出框
EditText RrceiveText;                                       //定义信息输入框
Socket socket = null;                                       //定义 socket
@Override
protected void onCreate(Bundle savedInstanceState) {
super.onCreate(savedInstanceState);
setContentView(R.layout.activity_main);
ConnectButton = (Button) findViewById(R.id.Connect_Bt);     //获得按钮对象
SendButton = (Button) findViewById(R.id.Send_Bt);           //获得按钮对象
IPEditText = (EditText) findViewById(R.id.ip_ET);           //获得 IP 文本框对象
PortText = (EditText) findViewById(R.id.Port_ET);           //获得端口文本框按钮对象
}
public void Connect_onClick(View v) {
//启动连接线程
Connect_Thread connect_Thread = new Connect_Thread();
connect_Thread.start();
}
class Connect_Thread extends Thread                         //继承 Thread
{
public void run()                                           //重写 run 方法
{
try
{
```

第 12 章 Android 网络远程控制 Arduino(WiFi 模块)

```
        if(socket == null)                            //如果已经连接上了,就不再执行连接程序
        {
        //用 InetAddress 方法获取 IP 地址
        InetAddress ipAddress = InetAddress.getByName(IPEditText.getText().toString());
        int port = Integer.valueOf(PortText.getText().toString());         //获取端口号
        socket = new Socket(ipAddress, port);   //创建连接地址和端口——这样就灵活多了
        }

    }
    catch(Exception e)
    {
    // TODO Auto-generated catch block
    e.printStackTrace();
    }
    }
    }
        }
```

2. Android 端发送数据到 TCP 服务器

由于服务器是唯一的,即在 Android 端发送数据到 TCP 服务器时,数据的接收方是唯一的。因此,发送数据不需要启动线程,直接做一个发送按钮的监听发送数据即可。实现语句如下:

```
//获取输出流
outputStream = socket.getOutputStream();
    //发送数据
outputStream.write(MsgEditText.getText().toString().getBytes("gbk"));
```

定义一个 Socket 的输出流并获取该输出流,将发送数据写到该流管道即可。

3. Android 端实时接收来自 TCP 服务器的数据

由于 Android 端是多用户,接收来自 TCP 服务器的数据时,接收方不是唯一的,因此,需要设计启动线程完成数据接收任务。实现该功能的主要语句为

```
final byte[] buffer = new byte[1024];              //创建接收缓冲区
inputStream = socket.getInputStream();             //创建输入流
final int len = inputStream.read(buffer);          //读数据,并且返回数据的长度
```

定义一个 1 KB(足够大)的数组变量 buffer 做数据接收缓冲区,定义并获取 Scoket 输入流,从该流管道中读数据赋值到数组变量中。关于 InputStream.read 字节流的读取方法可参看 Java 有关的详细讲解。

4. 添加入网权限许可

需要添加两个权限,一个是 WiFi 权限,另一个是 Internet 权限。具体实现如下:
打开清单文件 AndroidManifest.xml,
按图 12-19,分别按 1、2、3、4 步骤所示,单击 AndroidManifest.xml,Permission,Add 和 Uses Permission。

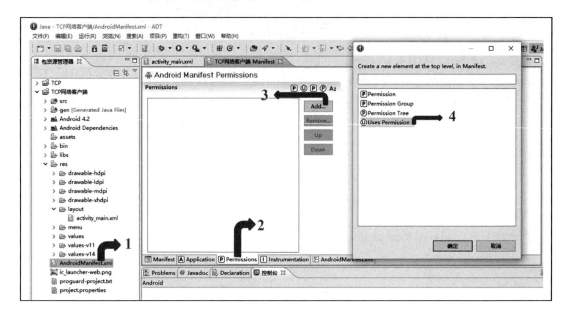

图 12-19　Android 权限设置步骤

然后,单击"确定"按钮,出现图 12-20,分别选择

android.permission.ACCESS_WIFI_STATE

android.permission.INTERNET

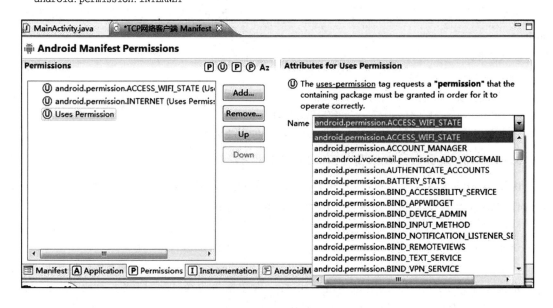

图 12-20　Android 具体权限设置示意

选择权限后,分别单击 Add 按钮,配置文件中就会自动出现相应的权限设置,如图 12-21 所示。

5. MainActivity 类代码(完整)

package com.example.tcp;

import java.io.IOException;

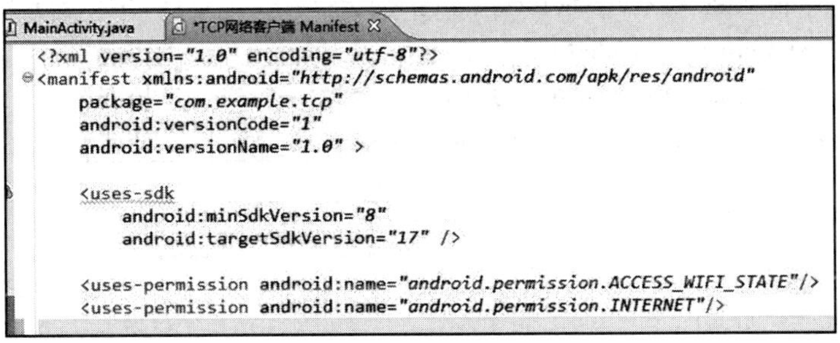

第 12 章　Android 网络远程控制 Arduino(WiFi 模块)

```xml
<?xml version="1.0" encoding="utf-8"?>
<manifest xmlns:android="http://schemas.android.com/apk/res/android"
    package="com.example.tcp"
    android:versionCode="1"
    android:versionName="1.0" >

    <uses-sdk
        android:minSdkVersion="8"
        android:targetSdkVersion="17" />

    <uses-permission android:name="android.permission.ACCESS_WIFI_STATE"/>
    <uses-permission android:name="android.permission.INTERNET"/>
```

图 12-21　配置文件自动出现的权限示意

```java
import java.io.InputStream;
import java.io.OutputStream;
import java.io.UnsupportedEncodingException;
import java.net.InetAddress;
import java.net.Socket;
import java.net.UnknownHostException;

import android.app.Activity;
import android.os.Bundle;
import android.view.Menu;
import android.view.MenuItem;
import android.view.View;
import android.widget.Button;
import android.widget.EditText;
import android.widget.Toast;

public class MainActivity extends Activity {
    boolean isConnect = true;                                   //连接还是断开
    Button ConnectButton;                                       //定义连接按钮
    Button SendButton;                                          //定义发送按钮
    EditText IPEditText;                                        //定义 IP 输入框
    EditText PortText;                                          //定义端口输入框
    EditText MsgEditText;                                       //定义信息输出框
    EditText RrceiveEditText;                                   //定义信息输入框
    Socket socket = null;                                       //定义 socket
    private OutputStream outputStream = null;                   //定义输出流
    private InputStream inputStream = null;                     //定义输入流
    @Override
    protected void onCreate(Bundle savedInstanceState) {
        super.onCreate(savedInstanceState);
        setContentView(R.layout.activity_main);

        ConnectButton = (Button) findViewById(R.id.Connect_Bt); //获得连接按钮对象
        SendButton = (Button) findViewById(R.id.Send_Bt);       //获得发送按钮对象
```

```java
    IPEditText = (EditText) findViewById(R.id.ip_ET);           //获得IP文本框对象
    PortText = (EditText) findViewById(R.id.Port_ET);           //获得端口文本框按钮对象
    MsgEditText = (EditText) findViewById(R.id.Send_ET);        //获得发送消息文本框对象
    RrceiveEditText = (EditText) findViewById(R.id.Receive_ET); //获得接收消息文本框对象
}

public void Connect_onClick(View v) {
    if (isConnect == true)                                      //标志位 = true 表示连接
    {
        isConnect = false;                                      //置为false
        ConnectButton.setText("断开");                          //按钮上显示——断开
        //启动连接线程
        Connect_Thread connect_Thread = new Connect_Thread();
        connect_Thread.start();
    }
    else                                                        //标志位 = false 表示退出连接
    {
        isConnect = true;                                       //置为true
        ConnectButton.setText("连接");                          //按钮上显示连接
        try
        {

            socket.close();                                     //关闭连接
            socket = null;
        }
        catch (IOException e)
        {
            //TODO Auto-generated catch block
            e.printStackTrace();
        }
    }
}

public void Send_onClick(View v) {
    try
    {
        //获取输出流
        outputStream = socket.getOutputStream();
        //发送数据
        outputStream.write(MsgEditText.getText().toString().getBytes("gbk"));
        //outputStream.write("0".getBytes());
    }
    catch (Exception e)
    {
```

```java
// TODO Auto-generated catch block
 e.printStackTrace();
 }
 }
 //连接线程
class Connect_Thread extends Thread                        //继承 Thread
 {
 public void run()                                         //重写 run 方法
{
try
{
 if (socket == null)
{
 //用 InetAddress 方法获取 IP 地址
InetAddress ipAddress = InetAddress.getByName(IPEditText.getText().toString());
 int port = Integer.valueOf(PortText.getText().toString());    //获取端口号
socket = new Socket(ipAddress, port);                          //创建连接地址和端口
//在创建完连接后启动接收线程
Receive_Thread receive_Thread = new Receive_Thread();
 receive_Thread.start();
 }

 }
catch (Exception e)
{
 //TODO Auto-generated catch block
 e.printStackTrace();
 }
 }
 }
 //接收线程
 class Receive_Thread extends Thread
 {
 public void run()                                         //重写 run 方法
{
try
{
 while (true)
{
 final byte[] buffer = new byte[1024];                     //创建接收缓冲区
inputStream = socket.getInputStream();          //创建输入流
 final int len = inputStream.read(buffer);       //数据读出来,并且返回数据的长度;如果需要显示汉
                                                 字,必须在服务器端设置发送为 output.write(str.
                                                 getBytes("utf-8"));
```

```
        runOnUiThread(new Runnable()              //不允许其他线程直接操作组件,用提供的此方法可以
        {
        public void run()
        {
        //TODO Auto-generated method stub

          RrceiveEditText.setText(new String(buffer,0,len));
        }
        });
         }
         }
        catch(IOException e)
        {
         //TODO Auto-generated catch block
         e.printStackTrace();
         }
         }
         }
         }
```

12.3.3 程序运行

(1) 将 esp2688 上电加入当前无线网,打开 Arduino 串口监视器,获取 TCP 服务器 IP 地址,即+CIFSR:STAIP 后面的数据,参看图 12-16,同时,在该处也能获得服务器端口地址,即 AT+CIPSERVER=1,80。

由于,入网的顺序不同、入网的设备数目不同,每一次给 esp2688 上电获取到的 TCP 服务器 IP 地址可能有所不同,这一点,要根据加入当时的无线网络的实际情况和实际 IP 地址而确定当时的具体实验行动。

(2) 将编译完成的"TCP 网络网络客户端"的 apk 发送到手机并安装后,运行后,单击"连接"按钮,如果能够成功连接到服务器,则该按钮会变为"断开",如图 12-22 所示。

在可编辑文本框中输入"这是客户端",单击"发送"按钮,此时,在 Arduino 串口就会接收到该数据,如图 12-23 所示。

此时,在 Arduino 串口输入"HELLO",并单击"发送"按钮,在图 12-22 中的 Android 手机端就会出现相应数据信号。

另外,还要说明的是,从客户端向服务器端可以发送汉字,不会乱码;但从 Arduino 服务器端发出汉字,在 Android 接收到会乱码! 请同学们自行寻找答案,在此不再深入讨论。

12.3.4 课外练习题目

(1) 在 Android 端增加两个按钮,"开 LED 灯"和"关 LED 灯",单击两个按钮,分别可以将 Arduino 连接到 13 针的 LED 打开和关闭。布局界面如图 12-24 所示。

要求:① 修改布局文件。
② 修改类程序增加新功能。

(2) 让 Arduino 采集温湿度数据并实时传送到手机 Android 客户端显示。具体要求:

第 12 章　Android 网络远程控制 Arduino（WiFi 模块）

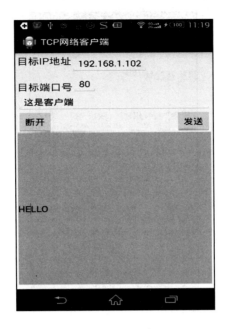

图 12-22　启动 TCP 网络客户端

图 12-23　Arduino 串口接收发送数据

① 在图 12-15 基础上，绘出 Arduino 控制温度、湿度模块、连接 esp8266 电路示意图。
② 修改 Arduino 程序把采从 DTH11 模块采集到温度和湿度数据转换后显示在硬串口，

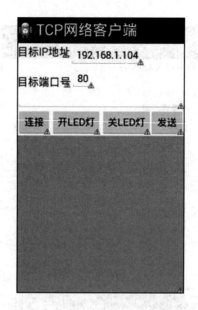

图 12-24　增加开关灯后的布局图

发送给 Android 客户端。

③ 在 Android 端接收到数据后转换为中文显示。

注意：由于从 Arduino 到 Android 发送汉字会乱码，故只能发送英文字符和数字，因此，将汉字显示的处理放在 Android 端。

参考文献

[1] 李刚. 疯狂 Android 讲义. 3 版. [M]. 北京:电子工业出版社,2015.
[2] Donald Wilcher. 学 Arduino 玩转电子制作[M]. 北京:人民邮电出版社,2013.
[3] 王全. AT89S51 单片机原理及应用技术[M]. 北京:机械工业出版社,2015.